纺织检测知识丛书 纺织新技术书库

蚕丝检测技术

董锁拽　　主　编

潘璐璐　蒋小葵　副主编

U0321888

中国纺织出版社

内 容 提 要

本书由浙江出入境检验检疫局组织策划，中国丝类检测联盟各成员单位共同编写完成。简要介绍了丝类产品的产品特性与加工工艺、丝类产品检测的历史发展，系统阐述生丝、绢丝等生丝原料的检测方法与技术，并回顾了这些产品的检测历史和传统检测方法。

本书既是一本现行丝类产品检测技术的工具书，也是一份丝类产品检测历史的记录。可供从事丝类产品质量监督、相关的贸易、丝类产品生产等人员参考学习，也可供纺织高等院校和科研单位借鉴，还可供一般读者了解丝类产品及其检验问题作为便利读本。

图书在版编目（CIP）数据

蚕丝检测技术/董锁拽主编. —北京：中国纺织
出版社，2018.3
（纺织检测知识丛书.纺织新技术书库）
ISBN 978-7-5180-4754-3

I. ①蚕… Ⅱ. ①董… Ⅲ. ①蚕丝—检测 Ⅳ.
①TS102.3

中国版本图书馆 CIP 数据核字（2018）第 035046 号

责任编辑：符 芬　责任校对：王花妮
责任设计：何 建　责任印制：何 建

中国纺织出版社出版发行
地址：北京市朝阳区百子湾东里 A407 号楼　邮政编码：100124
销售电话：010-67004422　传真：010-87155801
http://www.c-textilep.com
E-mail：faxing@c-textilep.com
中国纺织出版社天猫旗舰店
官方微博 http://weibo.com/2119887771
北京虎彩文化传播有限公司印刷　各地新华书店经销
2018 年 3 月第 1 版第 1 次印刷
开本：710×1000　1/16　印张：12
字数：187 千字　定价：68.00 元

序

　　蚕丝类产品素有"纤维皇后"的美称,是我国为数不多在国际市场上享有优势地位的传统纺织产品。由于蚕丝纤维不假人工、浑自天成的优良性能和亮丽高雅的外观质量,使其作为高端消费产品受到各阶层消费者的青睐并被寄予极高的质量期望。100多年前当国际市场上风行丝绸的热潮中贸易双方为生丝质量评价而引起的纷争不断,遂由当时的美国商会悬赏招标研究生丝质量评价办法和制定客观科学的检验标准。在这样的背景下产生了最早的生丝检验标准,历经各生丝消费国和生产国之间的反复折冲,至1949年,国际丝绸协会成立所做的第一件大事就是通过了生丝检验国际标准。这一标准针对生丝从重量评定到外观形态及内在质量评价,确定了十多个检验指标,每个指标划分为近十个等级,使得生丝成为受到严格质量检验的特殊产品。这是任何其他纺织纤维所不能类比的。此后,在生丝国际贸易中一度被列为必须经过法定检验的产品。进入21世纪以后,虽然取消了生丝出口法定检验规定,但是在纤维科学技术高度发展、各式纤维产品不断涌现的今天,蚕丝纤维产品依然在世界纺织纤维群中保持着其佼佼者的地位,在现代纺织品贸易中备受关注。

　　我国的丝类产品检测工作在促进丝类产品出口、指导生产、提高质量等方面发挥着积极作用,成为出口贸易和丝绸产业发展保驾护航的重要环节。我国丝类产品检测实施至今也已走过近百年华诞。期间,很多丝检第一线的技术人员和研究人员在丝检技术以及标准化方面开展了许多探索研究,为建立我国自己的丝类产品标准化及检测技术系统做出了贡献。1985年,国家进出口商品检验局王琴侠等编写《生丝检验》一书,为检测机构和生产企业开展丝类产品检测工作提供了标准化检测工作指南。此后30多年来,随着我国科学技术的发展,丝类产品加工技术及检测技术已发生很大变化,消费市场对丝类产品不断提出新的质量要求;与此相应地,检验标准也历经多次修订,检测技术和设备不断更新,其自动化和智能化程度不断提高。这一次由浙江出入境检验检疫局组织编写这一本关于丝类产品检测技术指导的书籍,正是为了适应当前丝绸产业和贸易发展需要。

　　今天,随着我国丝绸产品在国际消费市场的地位不断提高,我国蚕丝产品检测技术以及检测标准在世界上也争取到更大的话语权。2014 年由我国研制的生丝检测方法标准 ISO 15625:2014《丝类 生丝疵点 条干电子检测试验方法》成为我国纺织行业的第一个 ISO 国际标准。本书的编写发行也必将有助于丝绸工作者和广大读者理解在这一国际标准中反映出来的我国在丝类产品检测理论和技术研究方面取得的巨大进步,同时,我们也期望这一本书能够成为记录进入 21 世纪前后我国传统特色的蚕丝绸产品相关检测技术在新时代不断开拓创新与传承光大的历史见证。特以为记,是为序。

2018 年 1 月

前　言

本书主要由浙江出入境检验检疫局组织策划,中国丝类检测联盟各成员单位共同编写完成。本书简要介绍了丝类产品的产品特性与加工工艺、丝类产品检测的历史发展,系统阐述生丝、绢丝等生丝原料的检测方法与技术,还对这些产品的检测历史和传统检测方法进行了回顾。本书不但是一本现行丝类产品检测技术的工具书,也是一份丝类产品检测历史回顾的记录。我们希望本书在帮助丝类产品质量监督工作者执行标准、统一技术,提高工作水平的同时,对相关的贸易从业人员、丝类产品生产企业、纺织高等院校以及科研单位能够提供有价值的参考,还希望其成为供一般读者了解丝类产品及其检验问题的便利读本。

本书共分 20 章。其中,第一章由赵栋(浙江出入境检验检疫局)、李冰(广西出入境检验检疫局技术中心)、印梅芬(浙江出入境检验检疫局)、陈忠祥(万州出入境检验检疫局)编写;第二章由董锁拽(浙江出入境检验检疫局)编写;第三章由郭玉凤(安徽出入境检验检疫局技术中心)编写;第四章由赵栋、陈启凯(浙江立德产品技术有限公司)编写;第五章由赵栋、李刚(内江出入境检验检疫局)、江一帆(浙江立德产品技术有限公司)编写;第六章由李慧(广东出入境检验检疫局技术中心纺织实验室)、蒋小葵(南充出入境检验检疫局)编写;第七章由蒋小葵、杨二涛(广东出入境检验检疫局技术中心纺织实验室)编写;第八章由刘光秀(四川出入境检验检疫局检验检疫技术中心)、徐浩(浙江出入境检验检疫局)编写;第九章由马智瑞(汉中出入境检验检疫局)、徐浩编写;第十章由潘璐璐编写;第十一章由蒋小葵编写;第十二章由潘璐璐、陈启凯、蔡君楠(浙江立德产品技术有限公司)编写;第十三章由盖国平(广西出入境检验检疫局技术中心)编写;第十四章由潘璐璐、叶雅悠(浙江立德产品技术有限公司)编写;第十五章由涂红雨(重庆出入境检验检疫局检验检疫技术中心)、张后兵(重庆出入境检验检疫局检验检疫技术中心)编写;第十六章由涂红雨、张后兵编写;第十七章由陈淼(江苏出入境检验检疫局纺织工业产品检测中心)编写;第十八章由董锁拽、潘璐璐编写;第十九章由涂红雨、张后兵编写;第二十章由蒋小葵编写。全书由董锁拽、潘璐璐、陈淼、谢维斌统稿。

本书在编写内容上将理论与实践相结合,注重实用性,为新形势下的丝类产品检测工作提供一本可操作性强的工具书,更好地服务丝类产品贸易与产业发展。

本书在编写过程中参考了很多相关的文献资料,本书的出版得到了中国纺织出版社的大力支持。

由于时间紧迫,编者水平有限,书中如有错误和不妥之处,恳请读者批评指正!

编　者
2018 年 2 月 10 日

目　录

第一章　丝类产品概述

第一节　丝类产品分类

中国是丝绸的故乡，在距今六千多年前的新石器时代，就开始了养蚕、缫丝和织绸。经过历代的发展，尤其是从中华人民共和国成立到20世纪90年代，丝绸产业进入了一个新的历史时期，成为中国出口创汇的支柱产业。长期以来，中国丝绸占世界贸易量的80%，产量、销量在国际市场上均处于主导地位。

丝纤维是贵重的纺织材料，是由蚕结茧时分泌黏液凝固而成的连续长纤维，它与羊毛一样，是人类最早利用的动物纤维之一。蚕由于所觅食物的不同，可以分为桑蚕、柞蚕和蓖麻蚕（或木薯蚕）三类，桑蚕茧和柞蚕茧一般用于制成生丝，蓖麻蚕（或木薯蚕）因头端有小孔，无法缫丝，只能作为绢纺原料。丝类产品作为生产原料被用于织造生产成各类品种的丝绸消费产品，根据其加工原料和用途的不同，主要分为蚕丝（土丝、双宫丝）、捻线丝和绢丝（䌷丝）三类。

一、蚕丝

从单个蚕茧抽得的丝条称为茧丝，它由两根单纤维借丝胶黏合包覆而成。将几个蚕茧的茧丝抽出，借丝胶黏合包裹而成的丝条，统称为蚕丝，但因蚕茧品种不同而有桑蚕丝与柞蚕丝之分，而目前生产和应用最广的则是桑蚕丝。

（一）桑蚕丝

以桑蚕茧为原料，将若干根茧丝抱合胶着缫制而成的长丝，称作桑蚕丝。桑蚕以桑叶为食物，是蚕的主要品种，分布在我国江苏、浙江、四川、广西等南方地区，其所结的茧按照质量和风格可分为上茧、次茧和双宫茧三种。其中，用上茧加工而成的丝称为生丝，以次茧为原料缫制的丝称为土丝，由双宫茧（两条蚕共同营成的一个茧）缫成的丝则叫双宫丝。

1. 生丝　生丝柔软滑爽，手感丰满，强伸度好，富有弹性，光泽柔和，吸湿性强，对人体无刺激性，是高级纺织材料，可以织制组织结构不同的各类丝织品，用作服装、室内用品、工艺品、装饰品等。生丝还因具有很高的比强度、优良的电绝缘性、绝热性和燃烧缓慢的特性，被应用于工业、国防和医学等诸多方面，如制作绝缘材料、降落伞、人造血管等。生丝的规格一般用纤度表示，以"纤度下限/纤度上限"标示，常用的规格是 20/22 旦，较细的规格有 13/15 旦、17/19 旦等，较粗的则有 100/120 旦、130/150 旦等。一般 69 旦以上的生丝又叫粗丝。生丝按成品的卷装形状分为绞丝和筒子丝。绞丝是传统形式，沿用已久。筒子丝卷装量大，成形好，使用时可节省工序，提高质量。

2. 土丝 土丝色泽偏黄，粗细条干不匀，糙疵较多，只能制作一般的丝绸产品，难以成为高档的纺织面料。随着人们生活水平的提高，对土丝的需求越来越少，目前已少有企业有规模地生产土丝。

3. 双宫丝 双宫丝的特征是丝条粗而额节多，世界上生产双宫丝的主要国家是中国和日本 中国的双宫丝产量最多，并具有额节多而分布均匀、强力好、富有光泽等特点，主要用于织双宫绸。因双宫绸表面有闪光和疙瘩的特殊风格，也称疙瘩绸，经染色、印花后可制成上衣、外套、头巾、领带以及室内装饰品。在中国，双宫丝还用于织制地毯。

（二）柞蚕丝

以柞蚕所吐之丝为原料缫制的长丝，称为柞蚕丝，是我国特有的天然纺织原料之一。柞蚕俗称野蚕，放养在柞树上，是我国的特产，世界上 90% 的柞蚕丝产于我国，主要集中在我国辽宁、黑龙江、吉林等东北地区，而辽宁省的产量占到全国的 80% 左右。柞蚕以柞叶为食，其丝具有独特的珠宝光泽、天然华贵、滑爽舒适。因缺少人工管理，再加上自然环境等多方面的影响，其丝手感生硬，具有天然的黄褐色。

二、捻线丝

捻线丝又叫加工丝线，它是以生丝、双宫丝或柞蚕丝等蚕丝为原料，经过络、并、捻等工序生产出来以供织绸的深加工产品，加工丝线按照其织绸的用途又分为经线丝和纬线丝。

捻线丝一般用原料丝规格、捻向、捻数、根数来表示其规格。例如，20/22 旦 f3S300 表示用三根 20/22 旦的生丝作为原料，生产成捻向为 S 向，捻度为 300 捻/m 的捻线丝。

三、绢丝

绢丝是绢纺工程的产品，是以养蚕、制丝、丝织中产生的疵茧、废丝等为原料，通过精练、制绵和纺纱等生产加工工序纺制而成，一般都采用两根细纱合并。其原料来源广泛，种类繁杂，质量差异也比较大。根据绢纺原料的不同，还可分为桑蚕绢丝、柞蚕绢丝和蓖麻蚕绢丝等，在实际使用中，则以桑蚕绢丝占比最大，柞蚕绢丝其次，蓖麻蚕绢丝几乎很少。桑蚕绢丝原料一般有疵茧、长吐、滞头和茧衣；柞蚕绢丝原料由于柞蚕茧解舒处理和缫丝方法不同，以及对废丝整理方法不一致，名称比较多，大致可分为挽手类、茧类和屑丝等；蓖麻蚕绢丝原料主要是蓖麻蚕茧，目前产量很少，可分为剪口茧和娥口茧。

绸丝是以绢丝生产中的落绵为原料，经加工纺成的丝。绸丝表面多毛茸，手感柔软，可供织绵绸等用。

绢丝、绸丝一般用公制支数来表征其细度，用"单股细度/股数"方式来表示其规格。例如，绢丝规格为120公支/2表示该绢丝共两股，单股纱线的细度为120公支。

第二节　蚕丝纤维性能

一、蚕丝纤维的化学结构

桑蚕茧丝的主要成分是丝素和丝胶，两者都是蛋白质。丝素是蚕丝的主体成分，其位于生丝的中部，系中轴纤维；丝胶包覆在丝素外，有黏合和保护丝素的作用。由于丝素和丝胶蛋白质中氨基酸的组成和结构各不相同，它们的性质也迥然有别。如丝素的二级结构为蛋白质分子近似平行排列，集束形成微原纤，微原纤结晶集束成原纤，原纤平行堆积成丝素纤维，如图1-1所示。因此，丝素蛋白的结晶度较高，不溶于水；丝胶则是一种球形蛋白质，有良好的亲水性，其二级结构多为无规则卷取，蛋白质分子的三级结构多为非晶结构。缫丝就是利用丝素和丝胶的不同性质，将数根桑蚕茧丝黏合成生丝，生丝可织造形成生绸，并经脱胶后形成熟绸，熟绸比

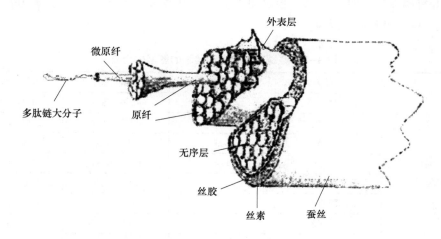

图1-1　蚕丝的微观结构

生绸更为耐用。

桑蚕茧丝中除丝素、丝胶以外，还有蜡质、碳水化合物、色素和矿物质等其他成分。蚕丝的化学组成和元素组成分别参见表1-1和表1-2。

表1-1　桑蚕茧丝化学成分的基本组成

成　分	含量（%）
丝素	72~81
丝胶	19~28
蜡质	0.4~0.8
碳水化合物	1.2~1.6
色素	约0.2
矿物质	约0.7

表1-2　桑蚕茧丝、丝素、丝胶的元素组成

元素	蚕丝中含量（%）	丝素中含量（%）	丝胶中含量（%）
C	46.77	48.00~49.10	42.60~49.29
H	6.21	6.23~6.51	5.72~6.42
N	17.57	17.35~19.20	16.44~19.19
O	28.25	25.00~28.01	24.96~35.00
S	—	—	0.15

经强酸、碱性物质或酶等作用，蚕丝的大分子可水解成乙氨酸、丙氨酸、丝氨酸等18种氨基酸，见表1-3。根据氨基酸分子中氨基和羧基的多少，氨基酸可分为中性、酸性和碱性三大类。

表1-3　桑蚕茧丝丝素和丝胶的氨基酸组成

类　别	氨基酸名称	代号	丝素（%）	丝胶（%）
中性氨基酸	乙（甘）氨酸	Gly	42.6~48.3	4.1~8.8
	丙氨酸	Ala	32.6~35.7	3.51~11.9
	缬氨酸	Val	3.03~3.53	1.3~3.14
	亮氨酸	Leu	0.68~0.81	0.9~1.7
	异亮氨酸	Lle	0.87~0.9	0.6~0.77
	苯丙氨酸	Phe	0.48~2.6	0.5~2.66
	酪氨酸	Tyr	11.29~11.8	3.77~5.53
	丝氨酸	Ser	13.3~15.98	13.5~33.9

类　别	氨基酸名称	代号	丝素（%）	丝胶（%）
中性 氨基酸	半胱氨酸	Cys	0.03～0.88	0.2～1
	苏氨酸	Thr	1.55～15.98	7.48～8.9
	蛋氨酸	Met	0.03～0.18	0.1
	色氨酸	Try	0.36～0.8	0.5～1
	脯氨酸	Pro	0.4～2.5	0.5～3
酸性 氨基酸	天门冬氨酸	Asp	1.31～2.9	10.43～6.07
	谷氨酸	Glu	1.44～3	1.91～10.1
碱性 氨基酸	精氨酸	Arg	0.9～1.54	4.15～6.07
	赖氨酸	Lys	0.45～0.9	0.89～5.8
	组氨酸	His	0.3～0.8	1.1～2.75

二、蚕丝的物理性质

（一）光泽

蚕丝的光泽柔和、幽雅；精练后的蚕丝，光泽更为柔和、雅致，具有优良的天然光泽是丝纤维的重要特性。影响纤维光泽的因素有：纤维表面的形态结构、纤维层状结构以及纤维的横断面形状。

在蚕丝生产加工过程中，影响蚕丝光泽的主要因素是缫丝用水、缫丝设备、蚕茧色泽、工艺设计、蚕丝外部形态性状、内部结构的定向性、整列度及蚕丝细度等。

（二）手感

纺织品的手感是织物某些机械性能对人的手掌所引起的刺激的总和反映，织物的刚柔性、表面摩擦和压缩性能等是其重要组成部分。

用手指抚摸蚕丝，根据手的触感来判断生丝的平滑、柔软等性质叫手感。具有良好的手感是蚕丝纤维的又一重要特性，手触生丝时可感觉到平滑、柔软而富有弹性，有暖和丰满之感。蚕丝的手感受以下因素影响：蚕茧性质、缫丝工艺、生丝表面性质和细度。一般蚕丝纤维纤度细，对变形抵抗小；其脱胶越多，手感就越柔软。由于蚕丝的热传导率低，故其手感温和，所以纯丝织物缝制的服饰在穿着时远比以棉纤维和化学纤维缝制的服饰感觉更温润舒适，这也是人们喜爱纯丝织物的另一重要原因。

（三）吸湿性

纤维在潮湿空气中吸收大气中水分的性能称为吸湿性，而在浸水后吸水性能则称为吸水性。蚕丝纤维含有亲水性的基团较多，且又是多孔物质，因此是吸湿性和吸水性较强的纤维。蚕丝富于吸湿性是用作衣着材料的一项有价值的特性，因为其既能保护皮肤维持干燥状态，又因吸湿过程中的放热作用，可以保护人体不受或减轻因环境气候突变所带来的影响。

蚕丝生产中发生数次吸湿、吸水和放湿过程。蚕丝纤维吸收水分以后，其力学性质和化学性质发生变化。这种变化与丝纤维的品质、重量、加工工艺以及储藏运输都有密切关系。

（四）热学性质

耐热性，是指高温下保持自身力学性能的能力。热稳定性是指材料对热裂解的稳定性。蚕丝在热的作用下，温度逐渐升高，高分子的运动单位和运动方式及其宏观表现——物理性质和化学性质都会发生变化。蚕丝纤维熔点高于分解点，不发生熔融，直接发生大分子分解。大分子分解时的温度称为热解点。

蚕丝纤维如果长期受低于分解点的高温处理时，机械性质会逐渐恶化，恶化程度随温度高低、时间长短而不同。这是由于温度升高时，引起纤维结晶区的减退和非结晶区的增长，因而改变了生丝的机械性质。如果温度继续上升，在热的作用下，大分子在最弱的键上发生氧化裂解，导致强力急速下降。

纺织材料的比热是指使质量为1g的纺织材料在温度变化1℃时所吸收或放出的热量。丝纤维中丝胶的比热容值为 $1628.7 \sim 1649.6 J/(kg \cdot K)$，丝素的比热容值为 $1155.6 \sim 1218.4 J/(kg \cdot K)$，蚕丝纤维的比热容值则约为 $1385.8 J/(kg \cdot K)$，在天然纤维中，其属于比热容值较大的一种纤维材料。然而由于水的比热容值 $[4200J/(kg \cdot K)]$ 是蚕丝比热容值的三倍，因此，蚕丝的比热受回潮率的影响较大，回潮率越高的蚕丝，比热值越大。相同环境下，生丝的回潮率在纺织纤维中属于较高水平，仅次于羊毛和黏胶纤维，故蚕丝纤维的湿态比热容值也就大于大部分纤维。

蚕丝纤维聚合体的传热过程是传导、对流与辐射的综合过程。它的导热系数是丝纤维、空气和水分三者混合的传热系数。蚕丝的传导热系数为 $0.05 \sim 0.055 W/(m^2 \cdot K)$，即在天然纤维中是比较低的，导热系数越低，纤维的保温性越好，所以，穿着丝绸衣服时感到冬暖夏凉。

（五）导电性

生丝纤维是电的不良导体，可作绝缘材料。但如果蚕丝回潮率高，空气的相对湿度大，都会引起蚕丝的电阻明显下降而降低其绝缘性能。干燥的生丝纤维略加摩擦即可显著带电，这给缫丝和丝织加工过程带来困难，其可造成丝条松散毛乱、断头增多、绞丝打把和卷绕成形不良、丝条粘缠机件等问题。

（六）机械性能

纤维在外力作用下所呈现的应力与应变之间的关系以及材料破坏等情况，称为机械性质，总体包括拉伸、弹性、弯曲、扭转、摩擦磨损、疲劳等方面的作用。

1. 拉伸断裂 蚕丝有比较好的断裂强度和断裂伸长度，与同直径粗细的铅丝几乎有相同的强力。一般用加负荷的方法求得断裂时的强度和断裂伸长率表示生丝的强伸力。如生丝的强度一般为 $3.4 \sim 3.6 cN/dtex$（$1gf/$旦$= 0.8826cN/dtex$），伸长率为 $18\% \sim 23\%$。

2. 耐磨性 蚕丝纤维的耐磨性在天然纤维中是比较好的，但远不如某些合成纤维。例如，蚕丝产品中的生丝，在缫丝、丝织过程和织物使用中都经常受到摩擦，近年织绸中广泛采用高速织机，对生丝的耐磨性要求更高。生丝的耐磨性一般采取测定生丝抱合的方式来确定，其结构和表面性状是影响耐磨性的主要因素，例如，丝胶的含量与性质、蚕丝之间结合的紧密度和均匀程度、丝条上颣节的大小与多少及丝条表面光滑程度等都会影响耐磨性质。

3. 耐光性 在纺织纤维材料中，蚕丝纤维是耐光最差的一种纤维。在太阳光照射下，因受紫外线的作用，蚕丝纤维易致脆化、变质。其耐光性差的主要原因是：太阳光中的紫外线能量为 $297.7 \sim 396.9(kJ/mol)$，与蚕丝蛋白质大分子元素间的键能接近，足够引起蚕丝大分子发生化学键断裂，特别是酪氨酸的—OH 基容易被氧化而分解。这种大分子分解引起机械性质恶化，并使蚕丝泛黄变色。实验表明，蚕丝在日光下曝晒 200h 后，强力则会损失 50%。用单宁酸作生丝增量剂时，增量丝能增强对日光的抵抗作用。

三、蚕丝的化学性质

（一）耐酸性

蚕丝的耐酸性比棉花强，比羊毛弱，随着浓度和温度的增加，丝纤维将膨润而溶解。蚕丝浸在高浓度的强无机酸溶液中，低温下短时间即能膨润溶解，成为淡黄黏液；低浓度时，加热能溶解丝胶，而强力不降低。稀薄的有机酸能溶解丝胶，不损害丝素，并使光泽增加，手感良好。丝素能大量吸收单宁酸（$C_{76}H_{52}O_{46}$），故单宁酸可作增量剂或媒染剂。

（二）耐碱性

碱性溶液对蚕丝的破坏作用远大于酸性溶液，将蚕丝置于碱性溶液中时，其变化随着碱溶液的 pH、浓度、温度和浸泡时间而异。氢氧化钠溶液（NaOH）即使在低温条件下，也能溶解丝胶，同时也能使部分丝素发生溶解，而将蚕丝短时间内浸泡于弱碱稀溶液中时，可溶解纤维表面的丝胶而不损害其内部包裹的丝素，因此，蚕丝织物可用硼砂、中性皂、碳酸钠等作精练剂对其进行脱胶处理。此外，中性橄榄油皂的煮沸溶液仅溶解丝胶而不损害丝素，并能增进丝织物的光泽和柔软性，可用于精练生丝。如果肥皂中含有游离碱，当浓度较高时将会损及丝素，故用于精练生丝和丝织物的肥皂则要求不含游离碱和杂质。

（三）耐盐性

很多中性金属盐能被蚕丝吸收，也容易使其发生脆化，经某些盐类浓溶液长时间作用会使丝纤维溶解。氯化钠、氯化钾、氯化氨、氯化钙、硫酸钙等少量存在时，能促进丝胶溶解；过量反而抑制缫丝胶溶解，使其解舒不良，强伸力减退，丝色暗淡。重碳酸钙、重碳酸镁超过限量时，丝胶有过度溶解趋向，影响蚕丝质量。因此，缫丝用水应参照相关水质要求，将其中的杂质控制在一定的含量以下，以提高生丝质量和产量，特别是改善生丝的色泽和手感。

（四）氧化还原性及染色性

含氯的氧化剂对丝素有破坏作用，如次氯酸盐类和漂白粉极易破坏丝纤维。用过氧化物、二氧化硫等作漂白剂除去蚕丝的天然色素时，要控制 pH 不能太高，以免丝胶溶失过多。一般直接染料、酸性染料、碱性染料和多种媒染剂都可用于蚕丝的染色，但用碱性染料要加保护剂。

（五）耐腐蚀性

在正常情况下，蚕丝不易发霉受损，对酶的分解有稳定性。尽管丝素对蛋白酶的稳定性比丝胶强，但蚕丝在比较潮湿的环境中长期储藏则容易滋生霉菌，并分泌出蛋白酶，破坏纤维中丝胶和丝素，最终导致蚕丝质脆化、光泽变异、发生霉味或霉点，严重影响其质量。

第三节　丝类产品加工

从茧到丝需要经过一系列的加工过程，按品种的不同加工方式和流程，加工过程也各不相同。本节将主要介绍制丝、捻线丝、绢丝和䌷丝的加工工艺及流程。

一、蚕丝加工工艺

丝类产品中的生丝、双宫丝、土丝和柞蚕丝都由制丝工艺而得。这几类丝的主要制丝工艺大体相同，但又有各自独特的加工工艺流程。

（一）主要工艺及流程

制丝是将茧加工成生丝的过程，其工艺及流程主要为混茧、剥茧、选茧→煮茧→

缫丝→复摇整理。

1. 混茧、剥茧、选茧　混茧、剥茧和选茧是缫丝前的准备工序。

（1）混茧是将不同的蚕茧按一定比例均匀混合。目的是为了扩大批量，平衡茧质，稳定生产，缫制品质统一的批量生丝。混茧要求茧色基本接近，茧丝纤度开差小，茧丝长不能相差过大，解舒率、丝胶溶失率差距小，茧层率比较接近，净度相差小。

（2）剥茧。剥茧是剥去茧丝脆弱、线密度不足 1dtex、丝缕结构紊乱无规律、不能缫丝的茧衣。剥茧可以方便各工序正常运行，也有利于提高丝产品质量。

（3）选茧。选茧是按茧型大小、茧层厚薄、色泽等差异，根据不同工艺要求进行选别分类，剔除不能缫丝的下茧和难以缫丝的次茧，分选出上茧中的大型茧或小型茧。

2. 煮茧　茧丝因为丝胶的存在，胶着力很强，不能离解引出，必须借助水、热和助剂的作用，使丝胶适当膨润溶解，胶着力有所减少，茧丝方能依次离解，这一处理过程称为煮茧。桑蚕茧一般用高温清水煮茧即可，有时加适量助剂以促进茧层渗透和解析。

3. 缫丝　缫丝即根据线密度的要求，将茧丝从煮茧茧层上离解出来抱合成生丝的加工过程。缫丝前先要将煮茧用索绪帚摩擦茧层表面，索出丝绪，理出正绪。将理出正绪的茧子放入缫丝锅内缫丝，制成一定线密度的生丝，并有规律地卷绕起来，同时进行烘干。

4. 复摇与整理　复摇就是将缫丝时卷绕的生丝再绕大或成筒子。目的是使卷绕所得丝片或筒装生丝得到一定的干燥程度和规格，并除去缫丝后丝片中的断头和疵点。

整理是将复摇好的丝片经检验处理疵点丝后，再用棉线编成一定的外形，并按规定打包，便于运输和储藏。

（二）制丝各类产品加工工艺流程的主要异同点

在生产生丝、双宫丝、土丝和柞蚕丝时，虽然加工工艺大致相同，但在选茧、煮茧、缫制等方面还有许多不同之处。

1. 生丝加工工艺　传统的生丝加工以桑蚕茧上茧为原料，经混茧、剥茧、选茧、煮茧、缫丝、复摇整理加工成生丝。近年来，随着冷藏技术的发展，鲜茧缫丝技术得到快速发展，特别是在广西地区，将桑蚕上茧未经蒸煮，通过化蛹处理和冷藏，直接将鲜茧缫制成鲜茧丝。鲜茧丝较干茧丝强度低，丝胶易脱落，抱合成绩不良，很难生产出高品质的生丝，其在绸缎生产时容易出现毛丝、白点等问题。

2. 双宫丝加工工艺　双宫丝加工原料为全双宫茧或在双宫茧中掺入一定比例的上茧或者次茧。双宫茧是由两条蚕共同吐丝结成的茧。双宫丝与生丝工艺流程基本

9

相同，区别主要是在缫丝中对纤度的控制。

3. 土丝加工工艺　土丝的加工原料为桑蚕茧次茧。最早生产土丝是用简单的木质丝框缫成的，由于不经过复摇，所以又称直缫丝或大车丝。随着科学技术的发展，开始使用生产生丝的设备加工土丝，其加工工艺与生丝基本相同。

4. 柞蚕丝加工工艺　柞蚕茧由于颜色黄褐，茧层中含有较多杂质，故须经煮茧、漂茧两个工艺过程。煮茧也是在高温清水中进行，漂茧则是用化学药剂除去茧层中的杂质，破坏色素和软化丝胶，以利缫丝。

柞蚕丝加工原料为柞蚕茧。其加工工艺与生丝基本相同，不同点是，在煮茧时增加漂茧环节并增加助剂用以膨润溶解柞蚕丝胶。

二、捻丝线加工工艺

捻丝线的加工原料为生丝或双宫丝。加工工艺及流程主要为泡丝（浸丝）→络丝→并丝→捻丝→定型→再络→整理成件。

（一）泡丝

泡丝也称浸丝，是根据经线、纬线以及不同丝织品的要求，采用不同剂量的泡丝剂，采用特定工艺浸泡，以使生丝柔软、润滑、耐磨。

（二）络丝

络丝是将各种包装形式（绞装、筒装等）的丝，在一定张力下，卷绕成有边或无边筒子丝的过程，必要时增加清糙设备以利于去除黏附在丝上的丝屑、长结、粗细节、颣节等疵点。

（三）并丝

并丝是将两根或两根以上的单丝并合成股线的过程。通过并丝可使丝线条干均匀，增加丝的强力。

（四）捻丝

捻丝是对单丝或股线进行加捻的工序。根据加捻形式不同，有单丝加捻、单丝加捻并合再复捻，也有先并合后加捻，以及并捻同时进行等。根据原料不同，有同原料的单丝并合加捻，也有原料不同或纤度不同的单丝并合加捻。根据加捻强度不同分为弱捻、中捻和强捻。根据加捻方向不同分为 S 捻和 Z 捻。

（五）定型

丝线在加捻时受到外力的作用，其中的纤维伸长，发生扭曲变形，存在内应力。当捻成的丝线处于自然状态时，由于要反抗外力的影响，会产生退捻、卷缩，这就不利于以后各工序的正常进行，且影响产品质量。定型就是通过加热、给湿等方法加速纤维的弛缓过程，使捻度稳定下来。定型时，要求对丝线的力学性能没有影响，特别要求对其强力、伸长度、弹性没有损伤。

（六）再络

定型后的筒子，需络成有边筒子或箕子，便于下道工序使用，这一过程称为再络。通过这个工序可以加大卷装，消除定型后丝线之间丝胶黏结的现象，使加捻丝线张力均匀。

（七）整理成件

将再络后的筒子丝或绞丝经过品质检验，评定等次和分级，最后包装并标识，便于运输和储藏。

三、绢丝和䌷丝加工工艺

（一）绢丝加工工艺

绢丝的加工原料为桑蚕茧中的次茧，生丝加工的副产品为长吐、滞头及茧衣等。绢丝的工艺流程主要为精练→制绵→纺纱→整理。

1. 精练 绢纺原料中含有丝胶、油脂和草屑等杂质。精练的主要目的是脱去原料上的大部分丝胶和油脂，使纤维间的胶着点分开，并去除黏附在原料上的泥砂、污染物和某些杂质，制成较为洁净、疏松的精干绵。绢纺原料精练包括精练前处理、精练和精练后处理三道工序。

（1）精练前处理。包括原料的选别和扯松及除杂。绢纺原料种类繁多，质量差异较大，为了合理使用原料、确定精练工艺条件，使原料精练均匀，精练前必须选别原料。再将其中的固块缠结、并合丝扯松，并除去原料中的草屑、毛发、麻线、蛹衬等杂质。

（2）精练。分为化学精练、生物酶精练和超声波精练。化学精练即利用化学药剂的作用使绢纺原料脱胶、去脂。生物酶精练即利用酶的作用使绢纺原料达到脱胶、去脂的目的。超声波精练就是利用振动频率为 20kHz 以上的高频声波的空化作用，产生的各种效应达到绢纺原料脱胶、去脂的目的。

（3）精练后处理。这是原料精练后，丝纤维上残留着很多炼液及浮渣，必须充分洗涤后再脱水、烘干，制成精干绵。

2. 制绵 精练后制得的精干绵，纤维很长，缠绕严重，并含有蛹屑、蜕皮和纤维型杂质等。制绵包括开绵、切绵、梳绵和排绵。制绵的主要目的是通过切断（或拉断），使纤维长度符合纺纱工艺的要求；经过扯松、梳理，使束状或块状纤维逐步分解成伸直平行度良好的单纤维；清除精干绵中的各种杂质、绵粒以及不适宜纺制绢丝的短纤维，使制成的精绵或精梳绵条的质量达到要求。

3. 纺纱 绢纺的纺纱主要由成条工程、粗纺工程、精纺工程和并捻等后加工工序组成。

4. 整理 整理是对捻丝工程制成的股线（股丝）的再加工，以适应绢丝普遍用于织造薄型高档织物，外观质量要求高，表面必须光洁、条干均匀、无疵点的要求。

整理的任务就是通过整丝工序（用络筒机或整丝机）除去绢丝的表面疵点和太粗、太细的片段，再经过烧毛工序烧去绢丝表面的毛茸（毛羽）、小糙粒等以提高绢丝的外观和表面洁净度。

（二）紬丝加工工艺

紬丝纺的加工原料为绢纺过程中的落绵。其工艺流程主要为开清绵→梳绵→精纺→整理。

1. 开清绵 紬丝的开清绵工序是将原料加以扯松，把其中的蛹屑、绵粒和草屑等杂质，尽可能地清除，以提高梳绵效果，从而保证制得品质优良的紬丝。

2. 梳绵 紬丝生产中的梳绵环节类似于绢纺。但其在紬丝生产中的地位要比绢丝生产中的梳绵环节显得更重要。在绢纺中的梳绵环节，要经过多次牵伸、并合与梳理，而在紬丝梳绵中，罗拉梳绵机生产的粗纱直接被送去纺纱。所以它与能否制出品质良好、均匀一致的紬丝有很大的关系，是决定紬丝质量的重要一环。

3. 精纺 紬丝精纺与绢纺系统中的精纺工程相同，也是将粗纱加以牵伸和加捻，纺制成具有一定强力、既定细度的细纱即紬丝，并把它卷绕成一定形状和大小的卷装。但是，紬丝精纺亦有它的特殊性。主要是上道工序所纺制的粗纱，其结构和性质与绢纺的粗纱有着显著的不同。在紬丝精纺中，纺制粗纱是在梳绵机上沿着纵向将绵网分割成许多绵网条，然后加以搓捻而成。粗纱中纤维的排列纵横交错，平行伸直度差，粗纱的条干均匀度也差。此外，紬丝精纺粗纱没有真正的捻度，强力很低。由于粗纱具有上述特点，所以，不能像绢纺中的精纺那样，用隔距与纤维长度相适应的罗拉牵伸装置，以较大的牵伸倍数进行牵伸，而必须用特殊的牵伸装置或其他型式的精纺机进行加工。

4. 整理 将精纺后紬丝进行品质检验，评定等次并且分级，最后按规定包装并标识，便于运输和储藏。

参考文献

[1] 苏州丝绸工学院，浙江丝绸工学院. 制丝学［M］. 北京：纺织工业出版社，1982.

［2］中国纺织大学.绢纺学［M］.北京：工业纺织出版社，1986.

［3］姚穆.纺织材料学［M］.4版.北京：中国纺织出版社，2014.

［4］苏州丝绸工学院，浙江丝绸工学院.制丝学［M］.2版.北京：中国纺织出版社，1993.

［5］孙小寅.纺织原料前处理［M］.北京：化学工业出版社，2014.

［6］苏州丝绸工学院，浙江丝绸工学院.丝织学［M］.北京：纺织工业出版社，1988.

［7］中国纺织大学绢纺教研室.绢纺学［M］.北京：纺织工业出版社，1986.

第二章 丝类产品检验的发展与变革

第一节 丝类产品检验目的与意义

一、检验目的

丝类产品检验是由检验机构或具备相应条件的企业、高校和科研院所等组织机构按照标准，对丝类产品进行检验。检验目的一是达到公平贸易，二是指导企业生产、改进工艺。

二、检验意义

丝类产品是迄今为止世界上最具健康环保的高档纺织原料之一，丝绸产品在我国已经具有 6000 年的生产历史，中国丝绸出口贸易也具有 2200 年左右历史，也是我国最具传统特色的出口商品之一。

作为丝绸原料的丝类产品质量的优劣，对丝绸的织造工艺、成品品质及贸易价格都具有非常重要的影响。因此，丝类产品的检验是从蚕培养、养殖、生产至成品整个产业链中非常重要的一环。目前，丝类产品的检验，最主要是生丝检验，因此，本章着重介绍生丝检验。生丝检验对蚕茧品种的改良、缫丝技术的进步都曾发挥重要的指导作用。相比欧洲丝绸在历史长河中的昙花一现，我国丝绸产业则经久不衰，生丝检验作出了巨大的贡献；生丝检验证书也是生丝国内外贸易的重要结价依据，对促进我国生丝和丝绸制品加工、出口，提升我国丝绸产品质量和国际竞争力，发挥并将继续发挥巨大作用。

在蚕种培育方面，同一蚕种在不同地区培育后，缫制的生丝具有较大的生丝质量差异，检验可以帮助发现不同地区的气候特点进行蚕种培育方法；在缫丝方面，检验中可以发现缫丝过程工艺造成的质量差异，并对缫丝工艺提出改进要求，检验也可以为丝绸织造中不同的织物、设备、工艺等提供对应的生丝品质指标，历时上千年的传统有梭织造与高速无梭织造对生丝的质量要求具有很大的差异；单丝织造薄型织物与多根丝加捻织造织物对生丝的质量要求也各不相同。在贸易公平性方面，由于生丝具有较强的吸放湿特性，其重量易受到货物储存环境温湿度影响而产生较大的差异，所以，一般采用公定回潮率下的重量作为贸易计重依据。因此，在蚕种、生产、贸易等各个环节都需要进行生丝检验。

第二节　检验机构发展

为验证丝类产品适应织造和贸易发展的需要而产生了丝类产品检验技术，并随着丝类产品生产和丝绸织造技术进步而发展和变革。丝类产品中最主要的是生丝，生丝检验经历了几次主要变革。

随着蒸汽技术的应用，工业化缫丝代替手工缫丝，产生了生丝器械检验。

自动缫丝技术代替立缫技术，生丝检验指标也作出了相应的变化。

不同丝织机械对生丝品质、规格的要求各异，尤其是高速无梭织机普及后，对生丝品质提出了新的要求，促进了生丝电子检验技术的研究和推进。

一、国际上生丝检验技术的发展与变革

（一）欧洲

早在公元前 1 世纪时，中国丝绸产品就经由"丝绸之路"传入欧洲，与当时欧洲落后的工艺水平相比，中国丝绸是真正的"巧夺天工"，让西方人大开眼界。欧洲匠人很快便学会了养蚕缫丝技术，开始仿造中国丝绸。到 16 世纪之前，意大利、法国已出现了一些著名的丝绸基地，丝绸当时成为欧洲皇室一种专用奢侈品，皇帝加冕、大婚都喜欢用丝绸，但主要的生丝原料来源于中国。好战强势的欧洲人不仅仅局限于拥有丝绸产品，他们希望得到好的生丝原料和对丝绸贸易更多的话语权，于是，1724 年意大利的图利诺市创立了生丝检验所，此为最早的生丝检验机构。其后法国里昂等城市相继建立生丝检验机构，均系私立。1805 年，法国政府在里昂设立第一家公量检验所，随后意大利、法国、瑞士、奥地利等国亦相继设立公量检验所。生丝公量检验中，规定的回潮率（11%）系法国人 Darsy 等研究测定，于 1840 年经法国里昂商业会议同意，后逐步被各国所采用，成为国际公认的生丝标准回潮率。1906 年，欧洲各国已有生丝公量检验所 20~30 家，而品质检验比较完善的有瑞士、法国、意大利等少数国家。直到 20 世纪 70 年代末，我国的计划经济体制受到西方发达国家的抵制，虽然，我国是生丝生产和出口最大国家，但生丝贸易的话语权牢牢掌握在欧美日发达国家手中。在 20 世纪 80 年代之前，生丝检验最具影响力和权威性的检验机构为瑞士苏黎世生丝检验所，该机构成为当时欧洲客户对我国出口生丝提出品质、重量异议或索赔的仲裁机构，随着欧洲丝绸生产的萎缩和我国改革开放后生丝检验机构大规模发展，瑞士苏黎世生丝检验所的业务走向萧条，遂改变研究方向，逐步发展成为现国际著名的纺织品检验机构（TESTEX 检验机构）。

此后，欧洲少有检验机构从事生丝检验，仅有个别机构仍在开展生丝检验技术的研发工作，在中国技术的影响和推动下，2010 年意大利 COMO 市丝绸研究所也购置了生丝电子检验设备，进行生丝电子的检验。

（二）美国

美国于 1880 年在纽约设立商办生丝检验所，1907 年由政府合并成立规模宏大的生丝检验所，成为国家检验机构。当时美国的生丝贸易国主要是日本，为了贸易定质需要，日、美两国研究生丝质量检验技术并于 1924 年采用黑板机进行匀度检验，这是当时检验技术的一项重大突破，至此，世界生丝检验发生了重大的变革，形成以匀度检验为中心的所谓"匀度万能"时代，这主要是因为当时缫丝技术是以立缫为主，纤度控制比较难。美国在 1926 年基本奠定以器械检验为主的生丝分级检验方法，并于 1929 年在纽约召开的第一次国际生丝分级技术协会上，公布国际生丝分级制，协调产销双方主张，到目前为止的现代生丝检验的方式基本上都是基于这种分级方式。随着美国产业转型，传统的丝绸加工已经退出美国产业，生丝检验不再是美国关注重点，生丝检验机构也随之消失。

（三）日本

作为 20 世纪初主要的生丝出口国和技术领先国家，日本于 1895 年在横滨、神户设立国立生丝检验所。1900 年，神户检验所宣告废止；1923 年，日本大地震后恢复并重新扩建；1926 年 3 月落成，规模之宏大，设备之完善均为世界之冠；1928 年实施公量检验；1929 年公布生丝分级检查法，经修正后于 1932 年实施，以后又经过多次修正。自实施品质分级检验以来，该两所业务发展很快。横滨生丝检验所集中了雄厚的研究力量，对国际生丝检验有较大影响。几十年来，国际生丝检验标准及分级方法均采用日本方法，提交国际生丝协会讨论通过。由于业务的逐步萎缩，20 世纪 90 年代末，神户与横滨丝检所合并。2000 年以后，日本蚕丝会社联合横滨丝检所进行生丝电子检验技术研究，但由于其研究方向与中国研究的主流方向不一致，再加上日本国内丝绸业消失殆尽，其研究结果也中途夭折。

二、我国生丝检验机构的发展

制丝在我国虽有数千年的历史，但真正使用蒸汽技术进行工业化缫丝则开始于清光绪初年，随着蒸汽缫丝的出现，中国也出现了机器缫丝技术，但在我国，无论是土丝还是厂丝的收购与出口，都没有统一、合理、公平的质量检验标准。农民向丝行交货或经过丝行贸易，都是通过收购单位的抄丝客人或抄丝员凭肉眼对生丝的色泽、匀度、条份确定丝质及其价格。至于出口丝的检验权，则全部操纵于洋行之手，根本没有严格的标准，合格与否，洋行可以任意决定。故意刁难中国厂商、无理退货或取消合约情况时有发生，严重损害华商利益。1919 年初曾发生 10 家中国丝厂联名控告外商事件，各地丝商都希望尽快建立生丝检验所，以求公允。为提高中国生丝质量、防止日本生丝垄断美国市场，美国纽约生丝检验所负责人陶迪肩负美国利益分别于 1917 年 7 月、1920 年 2 月两次来华与我国丝厂讨论建所事宜。1921 年 1 月，中国丝厂代表丁奴霖、徐锦堂、吴申伯等人赴美与陶迪复议，并在纽约签约，在美聘请生丝检验技师。按照约定，陶迪于当年 7 月来沪，在上海开始筹建生丝检验所。1922 年，该生丝检验所正式开展生丝检验任务，取名"万国生丝检验所"，这即是我国最早出现的生丝检验机构。检验所由美国纽约生丝检验所派员监督，安装机器设备，按照纽约生丝检验所的检验方法开展生丝检验业务，出具证书载明质量，买卖双方凭单贸易，由此，我国生丝检验正式开展，时间上比欧洲晚了 100 多年。1929 年 10 月，"万国生丝检验所"被国民党政府工商部上海商品检验局收购，在上海商品检验局内设立生丝检验处，同时由美国人白利南主讲、国人缪锺秀翻译主办了三期生丝检验短训班，在国内普及生丝检验技术；1930 年，上海商检局生丝检验处制定了《生丝检验细则》，同年 4 月开始公量检验，但品质检验仍由美国人把持，直到 1936 年 8 月才全部收回检验权并实施品质检验。此后，凡由上海口岸出口的生丝，须凭商检证书作为记重论价的依据。1931 年 6 月，广州商品检验局开始办理广州口岸的生丝检验，规程与上海相同。

1937 年，抗战开始后，上海和广州相继沦陷，检验中断。1939 年重庆商品检验局利用上海商品检验局内迁的一部分丝检设备成立生丝检验组。1940 年 4 月开始公量检验，9 月实施品质检验，继续开展了生丝检验工作。抗战胜利以后，上海、广州两局相继恢复了生丝检验。在上海军管会时期，建立了中国商品检验局，中国蚕丝公司派高级丝绸工程技术人员何春卉参加制定了中国第一个生丝出口检验标准，为我国丝绸生产和对外贸易的健康发展，提供了科学的法律保证。

中华人民共和国成立以后，检验机构已由原有的上海、广州、重庆三个逐渐发展到青岛、南京、杭州、乌鲁木齐、天津、武汉、西安、郑州、大连等十几个。检验设备及计量技术不断扩大和加强，检验数量迅速增长。出口商品统一由我国对外贸易部管理，并将生丝列入"现行实施检验商品种类表"内。凡列入"现行实施检验商品种类表"内的丝类商品，非经商检局检验不得出口，生丝出口通过各地商检局生丝检验，大大地维护了我国生丝出口企业合法利益，有力地促进了我国生丝贸易的发展，生丝检验机构也主要集中在进出口商品检验局。国内丝绸主产区无锡、杭州等也建立了其生丝检验机构，生丝检验技术和机构不断发展壮大。在改革开放初期，生丝是我国最主要的出口创汇产品之一，我国政府对生丝出口采用施行法定检验模式，有力地促进了生产，使产品质量迅速提高，为我国出口创汇做出重大贡献。

20 世纪 80 年代，我国生丝国际市场占有率达到最高峰，后随着我国经济发展，生丝在国内消费逐步扩大，国内丝绸行业自办的生丝检验机构，如浙江杭州和湖州、江苏无锡等，但由于国内贸易是对口贸易，对检验需求不大，部分检验机构关门转业、部分转入中纤局系统，保留生丝检验能力的主要有湖州生丝检验所、山东生丝检验所。21 世纪初，随着国家"东桑西移"战略的实施，广西、云南蚕丝业得到迅速发展，广西壮族自治区纤检局在柳州也办了生丝检验所。由于很长一段时间，生丝是国家主要出口创汇商品，生丝检验机构也基本陆续发展成为浙江杭州、江苏无锡、四川成都、广东广州、陕西西安、安徽合肥、重庆等几个主要生丝检验所，都隶属于当地进出口商品检验局，后随着机构改革隶属于当地出入境检验检疫局。随着广西生丝产量的增加，广西出入境检验检疫局在南宁建立了新的生丝检验机构；而上海、武汉、乌鲁木齐、郑州、大连、天津、青岛、山西等地生丝检验机构陆续关闭，陕西西安生丝检验机构搬到产地汉中。随着我国生丝质量和国际市场占有率的不断提高，2013 年 8 月，国家适时调整"出口商品检验种类表"，将包含生丝在内的所有丝类产品重量和品质检验都调出了种类表，只保留出入境检疫要求。

三、生丝外其他丝类产品检验机构的发展

除生丝以外，其他丝类产品中，土丝、䌷丝作为生丝的低级产品，与双宫丝都算在生丝检验体系中，一般的检验机构都可以进行检验；由于这几种产品的地域产业差异，四川、重庆在双宫丝检验技术方面比较全面；不是所有的生丝检验机构都有能力检验所有产品，捻线丝、绢丝属于加工类产品，直到 20 世纪 80 年代末才进入检验机构，一般具有棉纱检验能力的机构可进行本类丝类产品的检验。进入 21 世纪后，蚕丝被产业的兴起对绢丝产业造成冲击，导致绢丝产业几近消失，全国绢丝检验批量接近个位数。

第三节　丝类产品检验技术的变革

一、生丝检验技术的发展

从 20 世纪 20 年代的上海万国生丝检验所开始，我国的生丝检验技术基本吸收和延续了日本的检验技术。20 世纪末开始，我国缫丝行业迅速转向自动缫丝技术，经历了最快发展的 20 年，由于生丝检验技术和检验体系没有根本性的变化，一直以来，清洁、洁净、抱合、外观等检验指标采用目测定级，对人员目光稳定性要求

较高，检验体系也没有太大改进；但由于人力成本的急剧增加，检验技术较强的丝类检验机构在报检系统及纤度、黑板、抱合、强力、回潮率等检验技术上开展了研究，目前为止，只有浙江出入境检验检疫局丝类检验中心研究的生丝纤度检验仪、回潮率检验烘箱在全国得以推广应用。

20 世纪 50 年代，瑞士 USTER 公司开始使用电子技术代替传统感官技术用于棉纱质量，检验，在电子检验技术成功应用于纱线检验 20 余年后，基于电子条干分析仪用于检验棉纱线疵点条干的经验，瑞士人 Mr. Bernhard Trudel 提出了将电子检验技术应用于生丝检验，并于 1979 年在国际丝绸协会（International Silk Association，简称 ISA）年会上，第一次公开发表了关于电子技术检验生丝质量的研究论文，标志着国际丝绸业生丝电子检验技术研究的开始。

二、生丝电子检验的发展历史

1985 年，国际丝绸协会成立生丝标准委员会（Silk Standards Committee，简称 SSC），组织有关专家开始生丝电子检验的研究工作。国际丝绸协会标准委员会（SSC）组织技术专家，使用 USTER-Ⅲ 进行生丝检验，于 1995 年在国际丝绸协会大会上提出生丝检验指导手册《生丝便览 1995》（以下简称"便览"），便览对电子检验、传统检验的方法、仪器和分级等都进行了说明，便览也是国际丝绸业比较成型的生丝电子检验标准。但由于 USTER-Ⅲ 型条干均匀度仪存在设备价格高、检验效率低、不能区分疵点类型、评判方法不科学等问题，遭到中国、日本等生丝主产国反对，该便览并没有在国际范围内实施。由于当时没有考虑作为生丝的长丝结构特性与棉纱的短纤结构特性的差异，该草案具有比较大的缺陷，最终没有在国际上推广应用，但为生丝检验体系和方法的改进提供了思路、探索了途径。

20 世纪 80 年代中期，中国丝绸公司组织我国检验机构、科研院所、大专院校等单位，也开始了生丝电子检验研究。根据国际丝绸协会会议精神，中国丝绸公司购进 2 台乌斯特 USTER-I-S 型条干均匀度仪，并组织有关单位进行了大量的测试研究，探讨其用于生丝检验的可行性。研究结果表明，虽然 USTER-I-S 匀度测量仪检验生丝不受人员主观因素影响，但测量数据与黑板检验结果之间相关性不够，代替传统检验的时机不成熟。

20 世纪末，作为世界上生丝生产第一大国，我国缫丝技术基本全部成为自动缫丝，丝织加工技术由有梭织机大量转入高速无梭织机。制丝与丝织技术的快速发展，传统生丝检验法与丝绸织造技术已脱节，严重影响了丝绸行业的健康发展，国际丝绸行业呼唤新的检验技术出现。在意大利人 Giulio Mieli 先生的帮助下，浙江出入境检验检疫局丝类检验中心陆军、董锁拽等于 1999 年开始研究新型的生丝电子检验技术和仪器，在分析 USTER 电子检验生丝失败的教训基础上，发现生丝作为天然长丝与短纤纺的棉纱表面形态结构差异是造成 USTER-Ⅲ型条干均匀度仪检验生丝失败的原因，与日本 Keisokki 公司、嘉兴 IDEA 公司于 1999 年开始合作研究适合生丝结构的电子检验仪器，于 2003 年 3 月在意大利科莫的国际丝绸协会大会第一次提出了生丝电子检验技术草案，得到国际丝绸界认可并迅速推广开来，后逐渐成为国际丝绸界认可的新一代检验技术。

2004 年、2005 年，浙江检验检疫局丝类检验中心连续组织 2 届国际丝绸检验技术研讨会，来自各国专家将自己生丝检验技术的研究内容成果发布，其中浙江出入境检验检疫局丝类检验所发布的成果获得最多赞同，这两次会议基本确立了生丝电子检验设备的雏形，奠定了生丝电子检验的基础，确定了发展方向。这是生丝检验技术两百年来最具革命性的一次变革和技术提升。

国内外多家科研院所也进行生丝电子检验的研究，如中国计量学院、苏州大学等一些学者采用面阵 CCD 图像传感器和高速 DSP 系统，进行高速运动生丝疵点动态检验，探索检验生丝的匀度、清洁与洁净，但由于效率低、误差大等原因，这种电子检验仪最终未能取得实质性的进展；浙江丝绸科技有限公司等也采用 USTER-Ⅲ型条干均匀度仪进行了类似欧洲的研究；日本蚕丝会社横滨丝检所曾投入巨资进行激光式条干传感器、光电式糙疵传感器、糙疵冲击传感器等研究生丝电子检验系统，但由于速度和效率的问题，该项目研究已经停止。

2004~2008 年，浙江检验检疫局丝类检验中心与嘉兴 IDEA 公司联合将设备进行两次改进，研制出第三代生丝电子检验仪器，相比前两代产品，第三代仪器的主要改进有两大系统。一是卷绕系统，将单槽筒卷绕成型，改为成型、卷绕分开的双槽筒；将交流电动机改为直流无极电刷电动机；增加了德国产丝线恒速输送装置，有效避免了检验过程中丝跳动对结果的影响。二是传感器系统，增加异性传感器识别系统，增加异性纤维的检验能力。最后成型的生丝电子检验仪器以并列 12 锭检验，能识别生丝各类大小疵点、粗节、细节、纤度变化、微小雪花糙、异性纤维混入等，是一个检验指标完善、快速、客观的检验仪器。项目得到时任中国丝绸协会弋辉会长及钱有清秘书长的高度重视和支持。2009 年中国丝绸协会申请国家相关国际标准项目，购置小型试验设备，由中国丝绸标准化委员会牵头申报 ISO 国际标准，标准参与国家有意大利、瑞士、法国、印度、日本、美国、肯尼亚等多个国家，国内参与单位主要有浙江出入境检验检疫局丝类检验中心、苏州大学、浙江丝绸科技有限公司、浙江凯喜雅公司，经过近 5 年的艰苦的技术谈判和沟通。2014 年 5 月 1 日，国际标准化组织批准通过了我国牵头的第一个生丝标准 ISO 15625：2014《丝类糙疵、条干电子检验试验方法》。这是我国第一个具有自主知识产权的国际标准，自此，我国作为丝绸大国向丝绸强国推进了一大步。

三、生丝检验指标关注点的变化

各国生丝检验标准及分级方法因结合各自的产品特点及贸易要求而不完全一致，但检验重心的变迁，在主要方面却有其共同点。

我国早期的检验方法以商标为依据，买卖双方交易时多以肉眼鉴定成绩为主，器械检验仅以纤度、切断等成绩供参考。

第一次世界大战期间，后期由于美国丝织业迅速崛起，对生丝的需求激增，品质要求也较高。这种趋势对生丝检验也带来了影响。20世纪20年代后期，即在上海出口生丝检验匀度以前，出口欧洲生丝以商标、纤度、切断等项为品质检验分等的依据，出口美国生丝则看重器械检验，以切断、纤度、糙类、强伸力、抱合等项成绩分等。

20世纪20年代后期~80年代，实施现行标准的50年间，生丝检验主要是以匀度成绩为重心，提高产品的品质主要也是提高匀度成绩。这就给我国的旧式座缫机（20世纪40年代前使用的旧式缫丝设备）带来很大困难，为了提高匀度，20世纪40年代，大批座缫机改装为多条式立缫机。20世纪90年代以后，随着工业技术的进步，我国缫丝行业基本采用了自动缫丝机，使得全球生丝指标的匀度成绩得到大幅度提升，生丝的清洁、洁净等黑板成绩成为主要定级指标。同时，也使得我国的自动缫丝机推向印度等国外生丝生产国。

由于我国现行生丝检验标准是根据使用要求结合生产实际，参考国外检验标准而制定，在分级指标上，比过去主要提高了纤度偏差、清洁、切断指标，匀度由批分法改为条斑计数法，过去匀度定等也改为纤度偏差定等。

生丝电子检验改变了传统检验指标的分数制，将直接计算生丝疵点数量成为可能，并将通用的纤维 CV 变化作为生丝纤度变化的评判标准。

四、生丝外其他丝类检验技术的发展

（一）绢丝

20世纪80年代初，绢丝兴起，检验技术基本沿用棉纱线检验方法，主要疵点指标也采用黑板目测。当时最著名的是浙江嘉兴绢纺厂、重庆永川绢纺厂、泗阳绢纺厂等。根据绢丝表面性状，各大生产企业参考棉纱黑板制作了绢丝疵点黑板样照。经过20多年发展演变，绢纺行业在国内几乎消失殆尽。2000年后，绢丝也采用 USTER 进行条干均匀度检验，但与黑板检验并行。

（二）捻线丝

捻线丝作为一个中间产品，是丝织企业的前道工序，在 20 世纪 90 年代开始作为一个独立的产业兴起，只经历短短十几年历史。捻线丝检验的主要指标为捻度、强力，筒装捻线丝检验成型，指标相对单一、简单，检验仪器与棉纱通用。

（三）土丝、绸丝、双宫丝

与普通生丝检验仪器设备、暗室要求、外观灯光等基本通用，由于双宫丝具有特殊的疵点特征，需要具有特制的黑板样照。21 世纪制丝完全进入自动化缫丝工艺时期后，土丝、绸丝基本退出历史舞台。

第四节　丝类产品检验标准的演变

丝类产品标准的演变是随着其产品质量的提升和检验技术手段的提升而变化。

一、生丝检验标准的演变

生丝检验标准的制定和修订，涉及面广，对生产、经营和使用都有重大影响。我国在吸收美国检验技术的基础上，国家标准 GB 1797—1979～GB 1799—1979《桑蚕丝》，于 1979 年由原国家纺织工业部提出、江苏省纺织工业局起草、国家标准总局批准，这是我国第一部比较完整的生丝标准，标准分为三个部分：GB 1797—1979《桑蚕丝分级规定》，GB 1798—1979《桑蚕丝试验方法》，GB 1799—1979《桑蚕丝规格》，标准 1980 年在北京获得通过。

随着缫丝的不断改进，生丝质量也发生较大变化，织造技术的不断提高对生丝质量也提出新的要求，在国家有关部门的组织下，分别于 1986 年、2001 年、2008 年先后对标准进行了修订，并统一定为 GB 1797《生丝》和 GB 1798《生丝试验方法》两个标准，其中 2008 年将 GB 改为 GB/T，将强制性标准改为推荐性标准。

根据不同时期生丝质量及需求，技术指标作了相应调整，目前新版的《生丝》及《生丝试验方法》标准正在准备作进一步的修订。

21 世纪开始后，电子检验技术成为行业关注重点，在浙江检验检疫局丝类检验中心技术人员的不懈努力下，第一部生丝电子检验行业标准问世，SN/T 2011—2007《生丝电子（电容）检验方法》。后在中国商务部茧丝办及中国丝绸协会、中国丝绸标准化委员会等主管部门的帮助和支持下，在浙江出入境检验检疫局丝类检验中心技术研究的基础上，中国丝绸标准化委员会于 2009 年牵头申报了生丝电子检验方法国际标准，经过五年努力，该标准于 2014 年获得 ISO 国际标准化组织认可，标准编号 ISO 15625：2014《丝类糙疵、条干电子检验试验方法》，成为中国丝绸行业第一个国际标准。

为全面评价生丝的内在指标，浙江检验检疫局丝类检验中心还制定了 SN/T 2843—2011《生丝含胶率的测定方法》。柞蚕丝作为生丝的一种，主要生产于辽宁，1993 年，辽宁丝绸检验所联合辽宁检验检疫局制定了 GB/T 14578—1993《柞蚕水缫丝》，2003 年进行了修订。

二、生丝检验分级的演变

早期的生丝检验分级方法比较简单粗略，如 1924 年"上海外人生丝协会"将我国当时 30 余种主要牌号生丝分成超特等、超等、超等甲、超等乙、超等丙、优等甲、优等乙等几个等级。也创建了几个名牌丝，如金双鹿、银双鹿，其后由于重视匀度的结果，又按匀度分为 93%、87%、78% 等几个等级作为买卖依据。1937 年 2 月上海商品检验局实行生丝品质分级，检验项目已基本健全。中华人民共和国成立以前的生丝检验标准及分级方法基本沿用了美、日标准的内容，黑板检验使用的是美国黑板检验标准照片，肉眼检验一般是仓库抽验少数丝把，必要时再全部观察。1956 年，在吸收当时国际上通用分级方法基础上，我国标准也采用 6A 到 D 的分级体系。后根据产业加工特点，尤其是自动纤度仪普及以后，生丝质量得到较大提高，在 2001 版时，我国将最低等级定为 A，取消了原来的 B、C、D 等级，最高等级仍沿 6A，这种等级划分沿用至今。

生丝电子检验方法虽然已经通过国际丝绸行业认可，但分级标准目前还在制定阶段，行业也迫切期待尽快出台。

三、其他丝类产品标准演变

由于除生丝外的丝类产品都是小众商品，部分产品历史短暂，标准变化各异。

（一）绢丝、䌷丝

绢丝、䌷丝都是短纤纺纱类产品，比较细的高支（细特）丝称为绢丝，等级比较低、规格比较粗的低支（粗特）称为䌷丝。产品起源 20 世纪 80 年代，国家突击上马很多企业，部分企业技术力量雄厚，标准基本以企业标准为主，当时嘉兴绢纺厂就是标准的主要起草单位之一，1984 年出台第一个绢丝标准 FJ 406—1984《绢丝》、FJ407—1984《绢丝试验方法》，1997 年修订为纺织行业标准 FZ/T 42002—1997《桑蚕绢丝》、FZ/T 40003—1997《桑蚕绢丝试验方法》，并制定 FZ/T 42003—1997《桑蚕筒装绢丝》，这是 20 世纪最完善的绢丝标准。随着 USTER 条干均匀度检验技术在世界纺织纱线的普及，中国绢纺行业也尝试使用 USTER 进行绢丝匀度检验，并与 2000 年在修订绢丝标准时将电子条干不匀变异系数、千米疵点数、条干不匀的粗节、细节、绵结等纳入绢丝质量的考核指标和明示项目，形成现行的 FZ/T 42002—2010《桑蚕绢丝》、FZ/T 40003—2010《桑蚕绢丝试验方法》、FZ/T 42003—2010《筒装桑蚕绢丝》标准。

1981 年，国家制定了相关的䌷丝系列标准，在国家绢纺技术大发展以后，1998 年纺织工业部制定了 FZ/T 42006—1998《桑蚕䌷丝》，成为第一部比较全面完善的䌷丝标准，2013 年再次修订为 FZ/T 42006—2013《桑蚕䌷丝》，目前䌷丝产品国内很少看到，标准适用面也很窄。

为了适应出口和新产品发展需要，浙江出入境检验检疫局还制定了 SN/T 0785—1999《出口筒装桑蚕绢丝检验规程》和 DB33/T 414—2003《出口 150Nm 以下三股桑蚕绢丝检验规程》，2010 年，纺织行业修订的绢丝标准 FZ/T 42002—2010《桑蚕绢丝》涵盖上述标准内容，以上检验检疫标准随即失效。在绢纺原料要求上，1981 年国家制定 FJ 287—1981《桑蚕绢纺原料》，1994 年第一次修订为 FZ/T 41001—1994《桑蚕绢纺原料》，由于内容变化不大，直到 2014 年，标准才对 FZ/T 41001—1994《桑蚕绢纺原料》进行修订，主要增加了条吐要求。

（二）双宫丝

双宫丝主要产区在四川、重庆，具有一种特殊的"疙瘩"风格，产品发展历史较长。1984 年，我国第一个双宫丝标准出台，主要起草单位是四川省丝绸公司和四川进出口商品检验局，FJ/T 286—1984《桑蚕双宫丝》，1998 年进行第一次修订为 FZ/T 42005—1998《桑蚕双宫丝》，2005 年进行了第二次修订为 FZ/T 42005—2005《桑蚕双宫丝》，主要对双宫丝特征形状的 L 型细分为 L1、L2、L3，检验方法上稍作修改，2016 年再次进行了修订，FZ/T 42005—2016《桑蚕双宫丝》，适用于绞装和筒装桑蚕双宫丝。

（三）捻线丝

作为丝绸织造前的一个准备工序，捻线丝一直存在，但作为一个产业起源于 20 世纪 90 年代初，兴盛于 90 年代末，衰落于 21 世纪初，历史不足 20 年。1992 年，国家起草第一个捻线丝标准 GB/T 14033—1992《桑蚕经纬捻线丝》，2008 年修订为 GB/T 14033—2016《桑蚕捻线丝》，适用于 1 500 捻/m 以下，2～9 根所用原料生丝名义纤度在 49 旦（54.4dtex）及以下的䌷装桑蚕捻线丝的品质评定。由于新产品开发，检验检疫部门为了出口检验方便，由广东检验检疫局制定了 SN/T 0771—2011《出口高捻筒装桑蚕捻线丝捻度试验方法》、浙江检验检疫局制定了 DB33/T 411—2003《出口九根以上桑蚕捻线丝检验规程》、SN/T 1497.1—2004《出口桑蚕双宫捻线丝检验规程》、SN/T 2630—2010《进出口染色桑蚕捻线丝检验规程》、四川检验检疫局制定了 SN/T 1857—2006《进出口筒装桑蚕练白捻线丝检验规程》等，随着产业下滑和检验检疫职能转换，一些标准逐步作废或被纺织行业标准内容涵盖。

（四）土丝/粗丝

土丝与粗丝都是生丝的延伸产品，生丝标准规定：规格为 69 旦以下的叫生丝，70 旦以上的没有定义。采用土丝工艺，缫制的具有民族风格的叫土丝，土丝一般是土制或立缫制方式生产；粗丝是 20 世纪末开始出现的一种采用自动缫丝机技术缫制的一种丝，规定其为 69 旦以上的生丝叫粗规格生丝，简称粗丝。为了保护土丝这一具有民族风格的产品，四川检验检疫局牵头制定了 FZ/T 42009—2006《桑蚕土丝》，这一产品全国已经很少。为了促进粗规格生丝的发展，浙江检验检疫局牵头制定了 FZ/T 42010—2009《粗规格生丝》，2015 年重新修订了 FZ/T 42010—2015《粗规格生丝》，这一产品现在主要在浙江、山东一带生产。

四、检验分级标准样照

黑板检验是丝类产品检验重要的检验项目和定级依据，对检验机构和从业技术人员而言非常重要，现主要的分级样照有生丝黑板分级样照、生丝茸毛检验分级样照、生丝外观疵点识别样照、绢丝黑板分级样照等。

（一）生丝

生丝黑板检验分级样照主要指标有匀度、清洁、洁净等，黑板检验分级标准样照是生丝检验中重要的检验工具。自 1951 年以来，我国生丝检验机构的生丝黑板检验标准样照一直沿用日本标准照片，现已有 80 年历史，很多样照已经破损无法修复，样照的时效性也发生变化。20 世纪末，苏州大学与无锡出入境检验检疫局生丝检验所联合对日本样照进行翻拍并制作了少量生丝检验标准样照，但由于保存原因，也已失传。目前，浙江出入境检验检疫局丝类检验中心已在着手制作新版黑板检验标准样照，现已基本成功，不日即将发行，这将是真正意义上第一套中国制的生丝黑板检验标准样照。生丝茸毛样照也是由日本制作，但由于茸毛检验比较少，样照也一直沿用至今，无人翻新或再制作。生丝外观疵点识别，上百年来都是师傅教徒弟，没有现成的样照参考，由于缫丝技术的改进，一些疵点发现概率较低，很多检验员偶尔发现不认识，对检验工作造成很大技术瓶颈，2006 年浙江检验检疫局丝类检验中心制作了全国第一部也是迄今唯一一部生丝外观疵点实物样照，目前也急需修订。

（二）绢丝

第一部绢丝疵点样照的制订是绢丝兴起的 20 世纪 80 年代，由于产业衰落，样照修订存在很多技术问题。在中国丝绸标准化委员会的主持下，联合浙江检验检疫局丝检中心及企业专家，经过近四年的努力，新版的绢丝样照于 2017 年底制作成功。

（三）双宫丝

双宫丝检验有特殊疵点和特征疵点两套样照，都是由日本引入，至今未作修改。

参考文献

［1］国家进出口商品检验局.生丝检验［M］.天津：天津科学技术出版社，1985.

［2］钟斐.生丝检验简介［J］.广东蚕丝通讯，1984（01）.

［3］夏晶，于伟东.国外生丝检验方法综述［J］.中国纤检，2006（6）：46-48.

［4］夏永林，陈庆官，戴新兰.日本生丝检验的变革［J］.四川丝绸，2004（4）：44-48.

第三章　检验概述

由于蚕茧品种、机械设备、生产工艺及操作技术等条件的差异，丝类产品的品质各有不同，因丝类产品具有良好的吸湿性和放湿性，它的重量会随着温湿度的变化而变化。因此，要了解丝类产品品质和重量须按照规定的检验项目和程序进行检验。丝类产品检验是通过各种感官检验和器械检验，按照丝类产品分级标准，评定丝类产品外观和内在品质的综合等级，准确检定丝类产品的公量，为企业改进产品质量和国内外贸易计量计价提供依据。

第一节　检验项目

丝类产品检验项目较多，从检验的性质上可分为品质检验和重量检验两种；从检验的方法上可分为感官检验和器械检验两种。由于不同丝类产品采用的原料和生产工艺有差异，其检验项目也各有不同。下面分别介绍生丝、双宫丝、土丝、捻线丝、绢丝（紬丝）的检验项目。

一、生丝检验项目

生丝品质检验项目主要分为以下几种。

（1）主要检验项目。包括纤度偏差、纤度最大偏差、平均公量纤度、均匀二度变化、清洁、洁净。

（2）辅助检验项目。包括均匀三度变化、切断、断裂强度、断裂伸长率、抱合；选择检验项目：均匀一度变化、茸毛、单根生丝断裂强度、含胶率。生丝外观检验项目有：疵点和性状。生丝重量检验项目包括毛重、净重、回潮率、公量等。各检验项目见表3-1。

二、双宫丝检验项目

1. 双宫丝品质检验项目　包括纤度偏差、纤度最大偏差、平均公量纤度、外观、特殊疵点、切断、特征等。

2. 双宫丝重量检验项目　包括毛重、净重、回潮率、公量等。各检验项目见表3-2。

表 3-1 生丝检验项目一览

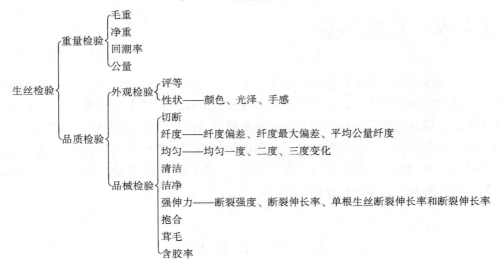

表 3-2 双宫丝检验项目一览

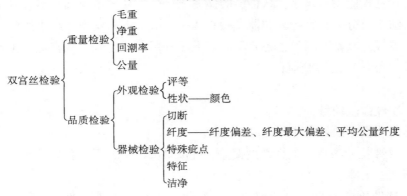

三、土丝检验项目

1. 土丝品质检验项目 包括纤度偏差、纤度最大偏差、平均公量纤度、切断、疵点、外观等。

2. 土丝重量检验项目 包括毛重、净重、回潮率、公量等。各检验项目见表 3-3。

四、捻线丝检验项目

1. 捻线丝品质检验项目 包括捻度变异系数、捻度偏差率、纤度变异系数、断裂强度、断裂伸长率、外观、含油率等。

表3-3 土丝检验项目一览

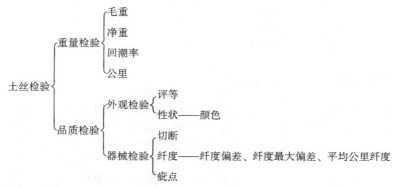

2. 捻线丝重量检验项目 包括毛重、净重、回潮率、公量等。各检验项目见表3-4。

表3-4 捻线丝检验项目一览

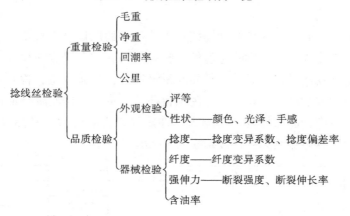

五、绢丝（紬丝）检验项目

1. 绢丝（紬丝）品质检验 分为以下几种。

（1）主要检验项目。包括断裂长度、支数（重量）变异系数、条干均匀度、条干不匀变异系数、洁净度、千米疵点。

（2）补助检验项目。包括支数（重量）偏差率、强力变异系数、断裂伸长率、捻度偏差率、捻度变异系数、练减率。

（3）明示检验项目。包括粗节（+50%）、细节（-50%）、绵结（+200%）。

（4）选择检验项目。包括十万米纱疵。

2. 重量检验项目 包括毛重、净重、回潮率、公量等。各检验项目见表3-5。

表3-5　绢丝（䌷丝）检验项目一览

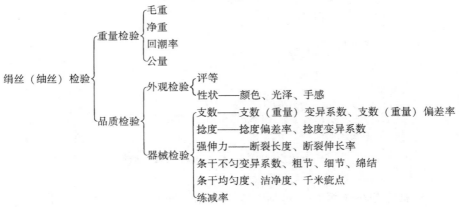

第二节　检验流程

外观与重量检验人员在检验现场核对受验丝批的厂代号、规格、包件号，并进行编号，将全批受验丝逐把拆除包丝纸，整齐并同一方向码放在检验台上，以感官评定全批丝的外观质量；同时抽取品质和重量样丝，检验净重，检查包装封识。品质检验人员将抽取的品质样丝进行相关项目检验，将公量样丝进行回潮率和公量检验。检验完毕后综合品质检验项目结果，评定等级，必要时出具品级和公量证书。各丝类产品检验具体流程如图3-1~图3-5所示。

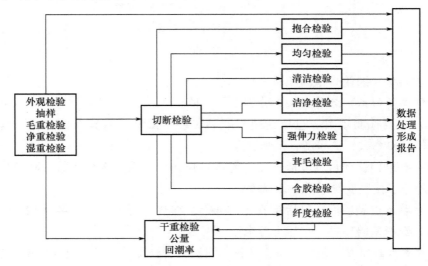

图 3-1　生丝检验流程图

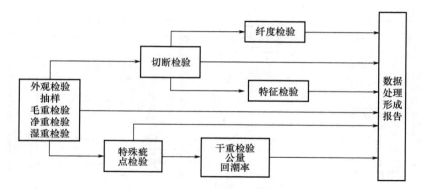

图 3-2 双宫丝检验流程图

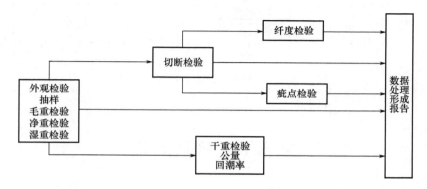

图 3-3 土丝检验流程图

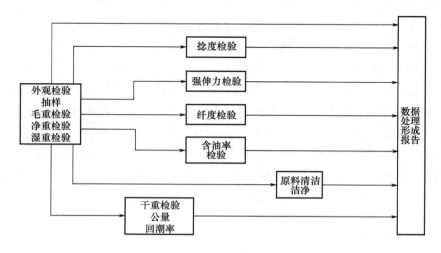

图 3-4 捻线丝检验流程图

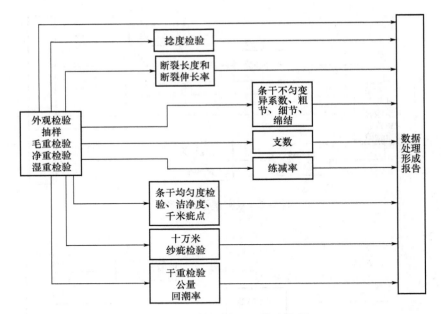

图 3-5　绢丝（䌷丝）检验流程

第三节　包装要求

　　为了保证丝类产品的实物质量，且便于运输和仓储，丝类产品需分品种、分规格按要求进行整理包装，包装应牢固，便于仓储及运输。包装上的标志应明确、清楚、便于识别。本书介绍目前丝类产品交易市场上较通用的包装要求。

　　丝类产品根据成形方式不同分为绞装丝和筒装丝，外包装主要有袋装和箱装。袋装丝先用布袋包装，用棉纱绳扎口或缝口，用专用铅封封识，悬挂票签，注明商品名、检验编号、包件号，布袋外再套防潮纸、蒲包，用粗绳或塑料带捆紧，防止受潮和破损。箱装丝是将丝以一定形式装入纸箱，纸箱内壁衬牛皮纸或防潮纸，包装好后，箱底箱面用胶带封口，贴上验讫封条，外用塑料带捆扎成"廿"字形，所用纸箱由双瓦楞纸制成，涂防潮剂，箱体外印有标志。包装所用的布袋、纸箱、隔板、纸张、塑料袋、绳等材料应清洁、坚韧、整齐。包装所用衬纸的规格为 $18\sim28g/m^2$，牛皮纸的规格为 $60\sim80g/m^2$。不同品种丝类产品包装规定不同。

一、生丝包装要求

　　生丝成形方式有绞装和筒装两种方式，绞装生丝的包装主要采用布袋包装和纸箱包装，筒装生丝主要采用纸箱包装。每批生丝净重为 570~630kg，件与件或箱与箱之间的重量差异不超过 6kg。

（一）绞装生丝包装要求

绞装生丝是长绞丝，丝片周长为 1.5m，丝片宽度约为 8cm，每绞重量约为 180g。丝片的编丝留绪线使用 14tex（42 英支）双股白色棉纱线，采用四洞五编五道的方式编丝，编丝松紧要适当，以能插入二指为宜，留绪结端约 1cm。每把生丝有 28 绞长绞丝，重量约为 5kg。每把生丝用 50 根 58tex（10 英支）或 100 根 28tex（21 英支）棉纱绳扎五道，再用韧性好的白衬纸、牛皮纸包覆，然后用 9 根三股 28tex（21 英支）棉纱绳捆扎三道。

袋装绞装生丝是将 11~12 把重量约为 60kg 包装好的丝把用布袋包装，再用棉纱绳扎口或缝口，用专用铅封封识，悬挂票签，注明商品名、检验编号、包件号，布袋外再套防潮纸、蒲包，用粗绳或塑料带捆紧，防止受潮和破损。箱装绞装生丝的纸箱内四周六面使用衬防潮纸，将包装好的 5~6 把总重量约为 30kg 丝把放入纸箱内，每箱放两层丝把，每层放三把丝。

（二）筒装生丝包装要求

筒装生丝的筒装形式有小菠萝形、大菠萝形和圆柱形，筒子的平均直径为（120±5）mm，每筒重量范围是 460~540g，绪头贴在筒管大头内，丝筒外面包覆纱套或衬纸。将包装好的筒子穿入纸盒孔内，每盒放五筒。在纸箱内四周六面衬防潮纸，将包装好的 12 盒 60 筒总重量约为 30kg 丝放入纸箱内。小菠萝形筒装生丝用纸箱包装，每箱放四层，每层放三盒，大菠萝形和圆柱形筒装生丝用纸箱包装，每箱放三层，每层放四盒，每盒放五筒。

二、双宫丝包装要求

双宫丝主要是绞装丝，其绞装形式有小绞丝和长绞丝两种。小绞丝包装主要采用布袋包装，长绞丝包装主要采用布袋包装和纸箱包装。每批双宫丝净重为 285~315kg，件与件或箱与箱之间的重量差异：小绞丝不超过 5kg，长绞丝不超过 6kg。

绞装双宫丝的丝片周长为 1.5m，丝片宽度：小绞丝约为 7.5mm，长绞丝约为 8cm，每绞小绞丝重量约为 75g，每绞长绞丝重量约为 180g。丝片的编丝留绪线使用 14tex（42 英支）双股白色棉纱线，小绞丝采用三洞四编三道，长绞丝采用四洞五编五道的方式编丝，编丝松紧要适当，以能插入二指为宜，留绪结端约 1cm。小绞丝每 55 绞重量约 4kg 为一把，长绞丝每 28 绞重量 5kg 为一把。每把双宫丝用 50 根 58tex（10 英支）或 100 根 28tex（21 英支）棉纱绳扎五道，再用韧性好的白衬纸、牛皮纸包覆，然后用 9 根三股 28tex（21 英支）棉纱绳捆扎三道。

袋装双宫丝是将15把小绞丝把或11~12把长绞丝把重量约为60kg包装好的丝把用布袋包装，再用棉纱绳扎口或缝口，用专用铅封封识，悬挂票签，注明商品名、检验编号、包件号，布袋外再套防潮纸、蒲包，用粗绳或塑料带捆紧，防止受潮和破损。箱装双宫丝的纸箱内四周六面用衬防潮纸，将包装好的5~6把长绞丝把总重量约为30kg丝把放入纸箱内，每箱放两层丝把，每层放三把丝。

三、土丝包装要求

土丝成形方式有绞装和筒装两种方式，绞装土丝的包装主要采用布袋包装和纸箱包装，筒装土丝主要采用纸箱包装。每批土丝净重为285~315kg，件与件或箱与箱之间重量差异不超过6kg。

（一）绞装土丝包装要求

绞装土丝有小绞丝和长绞丝两种形式，绞丝的丝片周长为1.5m，丝片宽度：小绞丝约为7.5mm，长绞丝约为8cm，每绞小绞丝重量约为70g，每绞长绞丝重量约为180g。丝片的编丝留绪线使用14tex（42英支）双股白色棉纱线，小绞丝采用三洞四编三道，长绞丝采用四洞五编五道的方式编丝，编丝松紧要适当，以能插入二指为宜，留绪结端约为1cm。小绞丝70~74绞或长绞丝28绞重量约5kg为一把。每把土丝用50根58tex（10英支）或100根28tex（21英支）棉纱绳扎五道，再用韧性好的白衬纸、牛皮纸包覆，然后用9根三股28tex（21英支）棉纱绳捆扎三道。

袋装绞装土丝是将11~12把重量约为60kg包装好的丝把用布袋包装，再用棉纱绳扎口或缝口、用专用铅封封识，悬挂票签，注明商品名、检验编号、包件号，布袋外再套防潮纸、蒲包，用粗绳或塑料带捆紧，防止受潮和破损。箱装绞装土丝的箱内四周六面用防潮衬纸，将包装好的5~6把总重量约为30kg丝把放入纸箱内，每箱放两层丝把，每层放三把丝。

（二）筒装土丝包装要求

筒装土丝的筒装形式有小菠萝形、大菠萝形和圆柱形，筒子重量范围是460~540g，绪头贴在筒管大头内，丝筒外面包覆纱套或衬纸。将包装好的筒子穿入纸盒孔内，每盒放五筒。在纸箱内四周六面衬防潮纸，将包装好的12盒60筒总重量约为30kg丝放入纸箱内。小菠萝形筒装土丝用纸箱包装，每箱放四层，每层放三盒，大菠萝形和圆柱形筒装土丝用纸箱包装，每箱放三层，每层放四盒，每盒五筒。

四、捻线丝包装要求

捻线丝成形方式有绞装和筒装两种方式，绞装捻线丝的包装主要采用布袋包装和纸箱包装，筒装捻线丝主要采用纸箱包装。每批捻线丝净重为285~315kg，件与件或箱与箱之间重量差异不超过 5kg。零把重量不少于 1kg，不大于 3kg。

（一）绞装捻线丝包装要求

绞装捻线丝有小绞丝、长绞丝和大绞丝三种形式，绞丝的丝片周长为 1.117m 或 1.270m，丝片宽度约为 8cm，每绞小绞丝重量约为 65g、长绞丝重量约为 95g、大绞丝重量约为 200g。丝片的编丝留绪线使用 14tex（42 英支）双股白色棉纱线，采用五洞六编四道的方式编丝，编丝松紧要适当，以能插入二指为宜，留绪结端约为 1cm。小绞丝 36 绞、长绞丝 24 绞或大绞丝 12 绞重量约 2.4kg 为一把。每把捻线丝用 50 根 58tex（10 英支）或 100 根 28tex（21 英支）棉纱绳扎，丝片周长为 1.117m 时每把扎三道，丝片周长为 1.270m 则每把扎四道，再用韧性好的白衬纸、牛皮纸包覆，然后用 9 根三股 28tex（21 英支）棉纱绳捆扎三道。

袋装绞装捻线丝是将 23~27 把重量约为 60kg 包装好的丝把用布袋包装，再用棉纱绳扎口或缝口，用专用铅封封识，悬挂票签，注明商品名、检验编号、包件号，布袋外再套防潮纸、蒲包，用粗绳或塑料带捆紧，防止受潮和破损。箱装绞装捻线丝的箱内四周六面衬防潮纸，将包装好的 12 把总重量约为 30kg 丝把放入纸箱内，每箱放四层丝把，每层放三把丝。

（二）筒装捻线丝包装要求

筒装捻线丝的筒装形式有菠萝形和圆柱形，筒子的平均直径为（120±5）mm，每筒重量范围是 460~540g，绪头贴在筒管大头内，丝筒外面包覆纱套或衬纸。将包装好的筒子穿入纸盒孔内，每盒放五筒。在纸箱内四周六面衬防潮纸，将包装好的 12 盒 60 筒总重量约为 30kg 丝放入纸箱内。菠萝形筒装捻线丝用纸箱包装，每箱放四层，每层放三盒，圆柱形筒装捻线丝用纸箱包装，每箱放三层，每层放四盒，每盒五筒。

五、绢丝（䌷丝）包装要求

绢丝（䌷丝）成形方式有绞装和筒装两种方式，绞装绢丝（䌷丝）的包装主要采用布袋包装和纸箱包装，筒装绢丝（䌷丝）主要采用纸箱包装。每批绢丝（䌷丝）绞装净重为 1000kg，筒装净重为 900~1000kg。

（一）绞装绢丝（䌷丝）包装要求

绞装绢丝（䌷丝）的丝片周长为 1.25m，每绞重量约为 100g。将 50 绞丝绞重约为 5kg 的丝用上下两面衬纸板，用四道棉纱绳扎紧，再用坚韧、光滑干燥的牛皮纸包裹成为一个小包。袋装绞装绢丝（䌷丝）将 10 小包绢丝（䌷丝）放入布袋包装，扎紧袋口，然后内衬防潮纸，外面用坚韧纸张包覆，用粗绳或塑料带扎紧。箱装绞装绢丝（䌷丝）的箱内四周六面衬防潮纸，将包装好的桑绢丝小把放入纸箱内，箱底箱面用胶带封口，贴上封条，外用塑料带捆扎成"廿"字形。

（二）筒装绢丝（䌷丝）包装要求

筒装绢丝（䌷丝）的筒子重量范围是950~1050g，绪头贴在筒管大头内，每个丝筒外面包覆小塑料袋。在纸箱内四周六面衬防潮纸，将30个或50个包装好的筒子放入纸箱内。

第四节 抽样方法

丝类产品以同一品种、同一庄口、同一工艺、同一机型、同一规格、同一工厂生产的产品为一批，一批丝总体比较大，而且器械检验多是破坏性的，不可能对它们全部进行检验。因此，都是采用从一批丝中抽取样丝进行检验。受验丝在外观检验的同时，抽取具有代表性的重量检验及品质检验样丝。抽样时应遍及件与件内或箱与箱内的不同部位，绞装丝每把限抽1绞，筒装丝每箱限抽1筒，并按边中角的比例抽取。不同的丝类产品对抽样部位和样丝数量均有规定，不能任意调换或选择样丝。各种丝类产品的具体抽样方法与数量见本书第五章第四节，在此不展开。

参考文献

［1］苏州丝绸工学院，浙江丝绸工学院.制丝学［M］.北京：纺织工业出版社，1982.

［2］国家进出口商品检验局.生丝检验［M］.天津：天津科学技术出版社，1985.

［3］陈文兴，傅雅琴，江文斌.蚕丝加工工程［M］.北京：中国纺织出版社，2013.

［4］真砂义郎，等.丝织物对生丝质量的要求［M］.杨爱红，白伦，译.北京：纺织工业出版社，1985.

［5］白伦.制丝工程管理基础.苏州丝绸工学院印刷.

［6］胡柞忠.茧丝检验［M］.北京：中国农业科学技术出版社，2013.

［7］董炳荣.绢纺织［M］.北京：纺织工业出版社，1991.

［8］国家质量监督检验检疫总局.纺织服装检验检测技术［M］.北京：北京出版集团公司北京出版社，2012.

第四章　重量检验

第一节　检验目的

丝类产品由丝纤维构成，富有吸湿和放湿的特性。由于这种特性，它的重量不是很稳定，会随着环境的温湿度改变而增重或者减重，又因丝类产品属于高档纺织材料，单价较高，重量正确与否会有很多纠纷，所以，国际贸易上以丝类产品的公量作为计价的依据。

第二节　检验原理

回潮率是表示纺织材料吸湿程度的指标，即以材料中所含水分重量占干燥材料重量的百分数表示。在个别情况下，也有用材料中所含水分重量占材料未烘干重量的百分数，即含水率表示纺织材料吸湿程度。为了计重和核价的需要，必须对各种纺织材料的回潮率进行统一规定，如国际上将丝类产品的回潮率统一规定为11%，称公定回潮率。

一批丝类产品中除丝以外的其他包装用料（如布袋、包丝纸、纱绳、牛皮纸、标签、箱子等）的重量称为皮重，去掉皮重所得丝的重量称为净重。丝类产品的重量检验首先要测定其净重和实际回潮率，然后将净重换算成公定回潮率时的重量即为公量。由于干量不受外界影响而变化，以干量推算出来的公量也就比较准确，可以作为核定重量的依据。

目前，测定丝类产品回潮率采用的是烘燥干重称量法，它是通过电热线圈或者电热管加热空气，然后利用电动鼓风将热空气不断送入烘箱内，自动调节保持一定的温度，使受验丝纤维中的水分获得足够的热能，逐渐蒸发，达到全干状态。

纺织品回潮率检验中，烘燥干重称量主要有两种方法：箱内热称重法和箱外冷却称重法。箱外冷却称重法准确性较高，但是样品需在干燥器里冷却一定时间，丝类产品的回潮率检验样品较大，所需干燥器也比较大，此方法不适用于丝类产品回潮率检验。箱内热称重法的干燥方法主要有电热线圈法、远红外干燥和快速通风式恒温干燥法。经长期实践研究，箱内热称重法符合丝类产品回潮率检验要求。

第三节　检验设备

一、称计设备

（一）台秤

台秤如图4-1所示，主要用于称计丝类产品的毛重，由于丝类产品计件型，每件或每箱重量约为30kg或60kg，因此，台秤量程一般为100kg，分度值≤0.05kg。

（二）天平

回潮率湿重称量设备目前一般为电子天平，如图4-2所示，分度值≤0.01g。

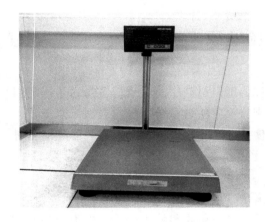

图4-1　台秤

图4-2　电子天平

二、烘燥设备

（一）快速通风式恒温干燥箱

电热烘箱用于检验回潮率干量，目前，国内较广泛的应该为快速通风式恒温干燥烘箱，如图4-3所示。

快速通风式恒温干燥箱加热原理是采用热惯性极小的半导体微电加热技术，还采用了强迫通风、热风干燥的方式，使烘燥物品受热温度均匀、快速烘干，同时符合节能高效的理念。目前，我国研发的全自动快速通风恒温烘箱采用微电脑控制，已实现快速烘干、自动称重、自动计算等功能。

（二）传统电热烘箱

传统电热烘箱（图4-4）通过安装在底部的电热线圈加热空气、电动鼓风机将

图 4-3　快速通风式恒温干燥箱

热空气不断送入烘箱内，并通过温度控制装置自动调节烘箱内的温度，使置于烘箱内的纤维样品获得足够的热能，其水分逐渐蒸发，达到全干。然而，电热线圈加热法能耗高、效率低，目前已渐渐被淘汰。

（三）远红外烘箱

远红外干燥是运用远红外线为主导媒介，将电能转变为热能。远红外烘箱（图 4-5）具有自动化程度高的特点。具备无级调速、温度自动控制、干燥均匀、稳定性强的特点。但是远红外线加热为表面加热，对于丝类产品这种厚型物体，加热难免受热不均匀，因此，这种加热方式应用于丝类产品检验不够高效。

图 4-4　传统电热烘箱

图 4-5　远红外烘箱

第四节 检验方法

公量检验一般是通过检验每批丝类产品的回潮率和净重，以此计算出每批丝在公定回潮率时的重量。

一、净重检验

计算净重必须先检验毛重和皮重，毛重减去皮重即为净重。

（一）毛重

抽样完成后，及时包封丝品并打包，在台秤上逐件称计重量，即为毛重。台秤使用前需用标准 25kg 秤砣校准。毛重检验复核时，允许差异为 0.1kg，以第一次毛重为准。

（二）皮重

在实际检验过程中，由于拆除全部包装工作量较大，因此，检验皮重时一般采用抽样称量计算的方法，其常用的抽样方法见表 4-1。

表 4-1 丝类产品检验抽样方法

丝类	绞装/筒装		外包装	内包装
生丝	绞装	五件型		绞装丝：随机拆 3 把，取 3 根棉纱绳和 3 套包湿纸称计重量
		十件型		
	筒装			筒装丝：任意选取 10 只筒管及纱套
粗丝	绞装			
	筒装			
土丝	绞装	小绞丝	随机抽取至少 5 个布袋（箱装 10 套）称计重量	绞装丝：随机拆 3 把，取 3 根棉纱绳和 3 套包湿纸称计重量
		长绞丝		
	筒装			筒装丝：不少于 2 只筒管及纱套或包丝纸
双宫丝	绞装	小绞丝		
		长绞丝		
	筒装			
捻线丝	绞装	五件型		任取 3~5 把，拆下商标、纸、绳，称其重量
		十件型		
	筒装			筒装丝：使用前称计的筒管及纱套平均重量

丝类	绞装/筒装		外包装	内包装
绢丝	绞装	<500kg	袋装至少 2 只布袋（箱装两套）	两袋丝的内包装（箱装 2 箱）
		500~1000kg		
	筒装			
䌷丝	绞装			
	筒装			

总皮重计算公式见式（4-1）。

$$总皮重(\text{kg}) = \sum \left(\frac{M_1}{N_1 \times 1000} \times N_3 + \frac{M_2}{n} \right) \qquad (4\text{-}1)$$

式中：M_1——纸绳（筒芯）样本重量，g；

$\quad\quad N_2$——纸绳（筒芯）样本数，把或筒；

$\quad\quad M_2$——布袋（箱）总重，kg；

$\quad\quad N_3$——总把（筒）数。

全批总毛重、总皮重、总净重分别为每件的毛重、皮重、净重的总和。将上列各数逐件、逐项记录在工作单上，单位为 kg，数值修约参考标准 GB/T 8170—2008 规定执行。

二、回潮率检验

抽取具有代表性的检验样丝（具体抽样数量及抽样部位标准见表4-2）若干绞分别标记，并及时在天平上称计重量，即为湿重。为确保受验丝类产品的回潮率（含水率）准确，湿重复核时允许差异为 0.20g，以第一湿重为准并在原始记录单上签字确认。

为保证回潮率样品组间差异较小，同一批的回潮率样品份与份间的重量允许最大差异（极差）见表4-2。操作过程中，当分组后因绞重不匀，不满足极差要求时，可以调换后重新分组或重新抽样。因丝类产品回潮率较大，湿重检验需在较短的时间内完成，以免影响回潮率检验结果。湿重称重完成，将每组样丝绞成麻花状，挂上样品唯一性标签，并及时打包。

回潮率检验一般采用通风式快速恒温烘箱检验方法，其具体操作步骤如下。

（1）开启总电源，校准空篮质量（校准间隔根据实际情况而定），根据标准或者相关规定设置烘燥参数，包括烘燥温度、烘燥时间、称重间隔等。

（2）将抽样的样丝按编号松散地放入对应烘篮中，并在原始记录单中做好记录，烘篮放回原位。

表 4-2 回潮率检验抽样方法

丝类	绞装/筒装		每批份数	每份绞/筒数	份与份之间重量允许最大差异（g）	抽取部位
生丝	绞装	五件型	2	2	30	边部2绞、中部2绞
		十件型	4	2		边部3绞、角部1绞、中部4绞
	筒装		4	1	50	上层1筒、下层1筒、中层2筒
粗丝	绞装		2	2	30	边部2绞、中部2绞
	筒装		2	1	50	随机2筒
土丝	绞装	小绞丝	2	5	20	四周5绞、中部5绞
		长绞丝	2	2	30	四周2绞、中部2绞
	筒装		2	1	50	随机2筒
双宫丝	绞装	小绞丝	2	5	20	四周5绞、中部5绞
		长绞丝	2	2	30	四周2绞、中部2绞
	筒装		2	1	50	随机2筒
捻线丝	绞装	五件型	2	2	20（湿重<200g）30（湿重≥200g）	边部2绞、中部2绞
		十件型	4	2		边部3绞、角部1绞、中部4绞
	筒装		4	2/表面100g	20	上层2筒、下层2筒、中层4筒
绢丝	绞装	<500kg	2	1	—	四周1绞、中部1绞
		500~1000kg	4	1	—	四周2绞、中部2绞
	筒装		2	1/表面100g		随机2筒
绅丝	绞装		4	1		边部2绞、中部2绞
	筒装		4	1/表面100g	—	随机4筒

（3）启动烘箱，开始加热升温，当温度达到预设温度（140±2）℃时，烘箱进入恒温干燥状态，烘箱自动开始倒计时。

（4）烘燥结束，第一次称重，全自动烘箱会自动称重并保存数据，如有连接电脑、打印机，数据可直接打印。如手动称重需要人工逐一称重并记录数据。

（5）第一次称重完成，烘箱继续启动运行，进行称重间隔计时。

（6）称重间隔时间到，进行第二次称重，计算称重间隔的重量损失。关于相邻两次称重的间隔时间和恒重（纺织材料干燥处理过程中按规定的时间间隔称重，当连续两次称见质量的差异小于后一次称见质量的 0.1% 时，后一次的成见质量即为恒重）的判定按 GB/T 9995—1997 规定执行。

（7）若第二次各份试样的重量损失还未达到规定要求，则继续步骤（5）、（6），直到满足要求，试验完成，在工作单上记录好数据，并签名确认。

（8）生丝、桑蚕捻线丝同批各份试样直接的回潮率极差超过 2.8% 或者该批丝的实测平均回潮率超过 13% 或者低于 8.0%，应复烘一次。若依然超出，应再抽取一份样品测定回潮率，与之前几份合并计算回潮率。

（9）桑蚕双宫丝、桑蚕土丝两份回潮率样丝间的差异超过 1%，应抽取第三份样丝，再与前两份样丝的湿重与干重合并，计算该批丝的回潮率。

（10）回潮率检验天平精密度较高，应当保持无风适宜环境。回潮率检验的湿重称计与毛重称计应在较短的时间内同时完成，避免检验时的回潮状态不一致。

三、结果计算

（一）回潮率计算

$$W(\%) = \frac{G - G_0}{G_0} \times 100 \tag{4-2}$$

式中：W——回潮率，%；

　　　G——样丝湿重（原量），g；

　　　G_0——样丝干重，g。

（二）平均回潮率计算

将同批样丝的总湿重和总干重代入式（4-2），计算结果作为该批丝的实测平均回潮率。

（三）公量计算

$$M_K = M_J \times \frac{100 + W_K}{100 + W} \tag{4-3}$$

式中：M_K——公量，kg；

　　　M_J——净重，kg；

　　　W_K——公定回潮率，%；

　　　W——实测回潮率，%。

参考文献

［1］ 苏州丝绸工学院，浙江丝绸工学院.制丝学 ［M］.北京：纺织工业出版社，1982.

［2］ 马建兴.纺织品中水分测试方法综述 ［J］.江苏丝绸，1990 （3）.

第五章 外观检验

外观检验是利用感官判断整批丝的性状的整齐度，如颜色、光泽、软硬、光滑和粗糙等；检查丝绞、丝把或丝筒的整理情况以及鉴定疵点丝的有无及其数量，评定丝类外观等级。外观检验与器械检验两者互为补充，对整批丝的质量进行全面评定。

第一节 检验目的

丝绸制品加工时，不但对丝类产品的性能有要求，对其外观指标也有一定的要求，丝类产品的性能虽好，但若外观成绩不良，也无法制出高级的丝绸制品。外观质量不仅直观地表现出一批丝外形整齐美观的程度，而且检验出的各类疵点能反映原料品质、生产管理等问题，还会影响织造工艺、织品质量和使用价值等。如夹花丝等疵点可以反映原料中黄斑茧等次茧较多；污染丝等疵点反映出企业生产环境不够清洁以及管理不够规范；颜色不整齐等疵点会造成绸面色差；绞重不匀等疵点会影响绸厂织造效率。虽然外观检验并非决定丝类等级的主要依据，但外观成绩不够理想时，整批丝的成绩也会降级。所以，丝类产品的外观检验在贸易上十分重视，是丝类产品检验中非常重要的检验项目之一。

影响丝类产品外观质量的因素较多，与茧子的质量和选配、制丝用水、机械设备、温湿度控制、后整理的优劣、运输储存环境等都有关系。如制丝用水浑浊会造成颜色不整齐；运输过程不规范会造成水渍和白斑等疵点；储存环境以及管理不良会造成绞把硬化等疵点。所以，必须加强各方面质量管理，才能取得良好的外观成绩。

第二节 外观疵点

一、疵点分类
（一）生丝、土丝、双宫丝的疵点

不同的丝类外观疵点名称和说明也不同。生丝、土丝、双宫丝的外观疵点大部分相同，见表5-1，其中，生丝外观疵点根据对品质的危害程度分为主要疵点和一般疵点两类，而土丝、双宫丝外观疵点无此区分。

表 5-1　生丝、土丝、双宫丝外观疵点

疵点名称		疵点说明
主要疵点	霉丝	生丝光泽变异，能嗅到霉味或发现灰色或微绿色的霉点
	丝把硬化（丝条胶着）	绞把（丝筒）发并，手感粗糙呈僵直状
	篾角硬胶	篾角部位有胶着硬块，手指直捏后不能松散
	粘条	丝条粘固，手指粘揉后，左右横展部分丝条不能松散者
	附着物（黑点）	杂物附着于丝条、块状（粒状）黑点，长度在 1mm 及以上；散布性黑点，丝条上有断续相连分散而细小的黑点
	污染丝	丝条被异物污染
	纤度混杂	同一批丝内混有不同规格的丝绞（丝筒）
	水渍	生丝遭受水湿，有渍印，光泽呆滞
	成形不良	丝筒两端不平整，高低差 3mm 者或两端塌边或有松紧丝层
一般疵点	颜色不整齐	把与把、绞与绞、筒与筒之间颜色程度或颜色种类差异明显
	夹花（色圈）	同一丝绞（丝筒）内颜色程度或颜色种类差异较明显
	绞重（丝筒）不匀	丝绞（丝筒）大小重量相差在 20%（15%）以上者
	双丝	丝绞（丝筒）中部分丝条卷取两根及以上，长度在 3m 以上者
	重片丝	两片及以上丝重叠成一绞者
	切丝	丝绞（丝筒）存在一根及以上的断丝
	飞入毛丝	卷入丝绞（丝筒）内的废丝
	凌乱丝	丝片层次不清，络交紊乱，切断检验难以卷取者。
	跳丝	丝筒下端丝条跳出，其弦长：大、小菠萝形为 30mm，圆柱形为 15mm
	缩曲丝	定型后丝条呈卷曲状
	扁丝	丝条呈明显偏平者

生丝外观疵点中还有一种常见疵点叫白斑（丝绞表面呈现光泽呆滞的白色斑，长度在 10mm 及以上者，长度或颜色种类差异较明显），以及一些不常见疵点，发现时也同样作为一般疵点处理，其他疵点如下。

（1）松弛丝。丝绞中有部分丝条松弛。

（2）浮丝。丝把表面丝条显著浮起。

（3）紧丝（吊丝）。丝绞的部分丝条吊紧。

（4）松紧丝。丝片内松外紧。

（5）编丝及留绪不良。编丝位置及留绪方法不合规格要求，扣线不牢，或结头太长。

（6）绞把不良。绞头蓬散，绞法不良；丝绞排列不整齐，打把纱绳捆扎过松或过紧，打结不良。

（7）络交不正。丝条紊乱不整齐。

（8）分层丝。丝片明显分成两层或以上。

（9）无鞘丝。缫丝未经加捻，四条扁平，光泽失常。

（10）直丝。丝条未经络交，重叠一处，形成丝片部分突起。

（11）掬丝。打把纱绳穿过丝绞内部。

（二）生丝主要外观疵点样照

1. 颜色不整齐　绞装和筒装颜色不整齐疵点如图5-1所示。

(a) 绞装　　　　　　　　　　(b) 筒装

图5-1　颜色不整齐

2. 霉丝　绞装和筒装霉丝疵点如图5-2所示。

(a) 绞装　　　　　　　　　　(b) 筒装

图5-2　霉丝

3. 绞把硬化　绞把硬化疵点如图5-3所示。

4. 箴第或角硬胶　箴角硬胶疵点如图5-4所示。

5. 附着物（黑点）　附着物（黑点）疵点如图5-5所示。

6. 污染丝　绞装和筒装污染丝疵点如图5-6所示。

7. 纤度混杂　绞装和筒装纤度混杂疵点如图5-7所示。

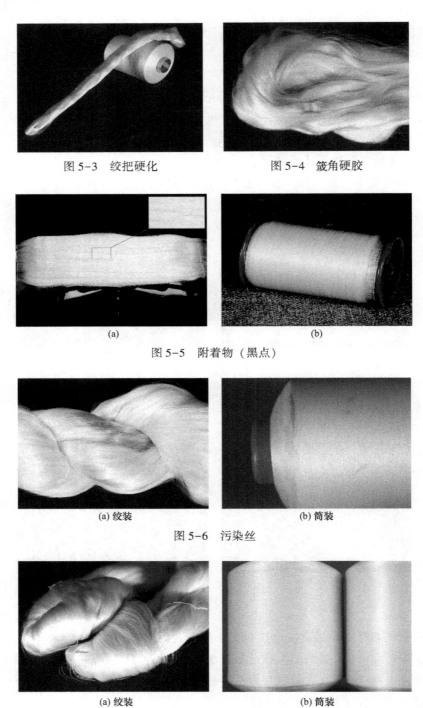

图5-3　绞把硬化　　　　　　图5-4　篯角硬胶

(a)　　　　　　　　　(b)

图5-5　附着物（黑点）

(a) 绞装　　　　　　　　(b) 筒装

图5-6　污染丝

(a) 绞装　　　　　　　　(b) 筒装

图5-7　纤度混杂

8. 水渍　绞装和筒装水渍疵点如图 5-8 所示。

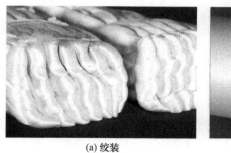

(a) 绞装　　　　　　　　　　　(b) 筒装

图 5-8　水渍

9. 夹花（色圈）　绞装和筒装夹花（色圈）疵点如图 5-9 所示。

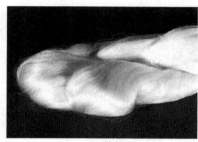

(a) 绞装　　　　　　　　　　　(b) 筒装

图 5-9　夹花（色圈）

10. 绞重不匀（丝筒不匀）　绞重不匀和丝筒不匀疵点分别如图 5-10 和图 5-11 所示。

图 5-10　绞重不匀　　　　　　　图 5-11　丝筒不匀

11. 双丝　绞装和筒装双丝疵点如图 5-12 所示。

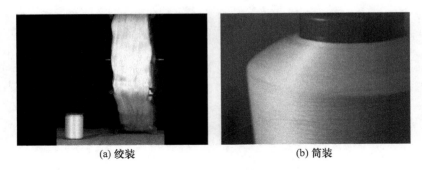

(a) 绞装　　　　　　　　　　　　(b) 筒装

图 5-12　双丝

12. 切丝　绞装和筒装切丝疵点如图 5-13 所示。

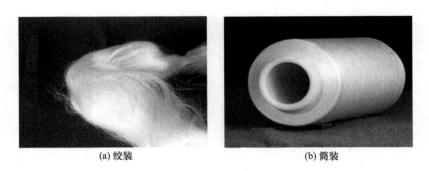

(a) 绞装　　　　　　　　　　　　(b) 筒装

图 5-13　切丝

13. 飞入毛丝　绞装和筒装飞入毛丝疵点如图 5-14 所示。

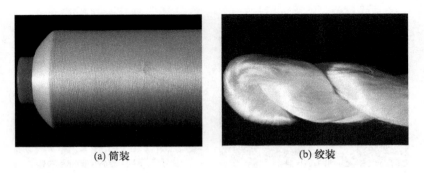

(a) 筒装　　　　　　　　　　　　(b) 绞装

图 5-14　飞入毛丝

14. 凌乱丝　凌乱丝如图 5-15 所示。

15. 白斑　白斑如图 5-16 所示。

图 5-15　凌乱丝　　　　　　　　　　图 5-16　白斑

16. 宽紧丝　宽紧丝如图 5-17 所示。

17. 缩丝　缩丝如图 5-18 所示。

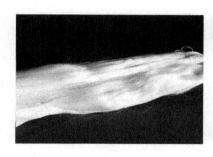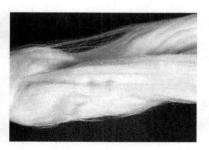

图 5-17　宽紧丝　　　　　　　　　　图 5-18　缩丝

18. 重片丝　重片丝疵点如图 5-19 所示。

19. 丝条胶着　丝条胶着疵点如图 5-20 所示。

图 5-19　重片丝　　　　　　　　　　图 5-20　丝条胶着

20. 绞把不良（成型不良）　绞把不良和成型不良分别如图 5-21 和图 5-22 所示。

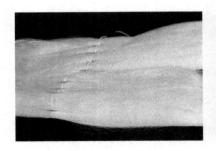

图 5-21　绞把不良　　　　　　　　　图 5-22　成型不良

21. 虫伤丝　虫伤丝如图 5-23 所示。

22. 跳丝　跳丝如图 5-24 所示。

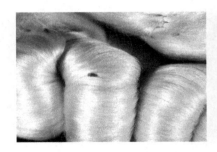

图 5-23　虫伤丝　　　　　　　　　　图 5-24　跳丝

（三）捻线丝的疵点

捻线丝外观疵点也以主要疵点和一般疵点区分，详见表 5-2。

表 5-2　捻线丝外观疵点

疵点名称		疵点介绍
主要疵点	宽急股	单丝或股丝松紧不一，呈小圈或麻花状
	拉白丝	张力过大，光泽变异，丝条拉白
	多根（股）与缺根（股）	股丝线中比规定出现多根（股）或缺根（股），长度在 1.5m 及以上者
	双线	双线长度在 1.5m 及以上者
	污染丝	丝条被异物污染

疵点名称		疵点介绍
主要疵点	杂物飞入	废丝及杂物带入丝绞内（筒装属一般疵点）
	长结	结端长度在4mm以上（筒装属一般疵点）
	成形不良	丝筒两端不平整，高低差4mm者或两端塌边有松紧丝层
一般疵点	缩曲丝	定型后丝条呈卷曲状
	切丝	股丝中存在一根及以上的断丝
	色不齐	绞与绞、把与把、筒与筒之间颜色程度差异较明显
	夹花（色圈）	同一丝绞（丝筒）中颜色差异较明显
	整理不良	绞把不匀，编丝留绪不当，定型或成形不良等
	丝筒不匀	筒子重量相差在15%以上者
	跳丝	丝筒一端丝条跳出，其弦长：菠萝形大头为50mm，圆柱形为30mm

（四）绢丝（䌷丝）的疵点

绢丝和䌷丝类产品的成形状态一般为筒装，筒装绢丝和筒装䌷丝的外观疵点也分为主要疵点和一般疵点，详见表5-3。

表5-3　筒装绢丝和筒装䌷丝外观疵点

疵点名称		疵点说明
主要疵点	支别混错	丝筒中有不合细度规格的绢丝（䌷丝）相混杂
	明显硬伤	丝筒中有明显硬伤现象
	污染丝	丝筒中有明显油污丝或其他污染渍达φ20mm或三处以上
	霉变丝	丝筒表面光泽变异有明显霉变味者
	异股丝*	丝筒中有不合规定的多股丝或单股丝混入
	其他纤维*	丝筒中有其他不合规定的纤维错纺入
一般疵点	色不齐*	丝筒大头向上排列，色光差异明显
	色圈*	丝筒大头向上排列，端面有明显色圈达两圈、宽度为5mm以上
	断丝	丝筒中存在两根以上断丝
	跳丝	丝筒大端有丝跳出，其弦长大于30mm，三根以上
	成形不良	丝筒中菊花芯、凹凸明显、明显压印、平头筒子、侧面重叠、端面卷边、筒管破损、垮筒、松筒等清苦之一者。
	水渍	丝筒遭水湿，有印渍达φ20mm，三处以上
	夹带杂物*	丝筒中夹带飞花、回丝及其他杂物
	筒重偏差	单只丝筒重量偏差达±5%以上（䌷丝为偏差达±10%）
	标志错乱*	商标、支别票签错贴、漏贴、重叠贴

注　＊表示疵点为筒装绢丝独有。

绞装绢丝和绞装䌷丝的外观疵点检验中，没有具体内容，只有处理方法。本章第四节批注规定中将进行介绍。

二、常见疵点形成原因

（一）霉丝形成原因

霉丝主要是由于生丝干燥不足，回潮率过高（13%以上），储存保管不善所造成。

（二）丝把硬化（丝条胶着）形成原因

丝把硬化（丝条胶着）产生原因主要是因为生丝本身回潮率过高，储存过久或储放条件潮湿，丝胶发生了变化，加以堆放、运输途中受重压，以致丝条与丝条粘固。具体表现为大筘丝片干燥程度不够。编丝、绞丝、整理等工序相对湿度过高，丝片回潮率超过13%，其水分又不能及时散发；不能及时成包、成件的丝绞过多，久堆在整理室，而整理室又潮湿，丝绞长时间堆叠受潮。

（三）筘角硬胶、粘条形成原因

筘角硬胶和粘条的形成原因相近，由于小筘丝片太湿或者给湿过多，并且复摇烘力不够，如果复摇车厢温度低，相对湿度高、车速快、烘丝时间短，大筘丝片必然干燥不够，粗条容易出现硬胶、粘条。或者因为复摇采取高温急干，使丝条极力收缩、相互施压，也易产生硬胶、粘条。其次，如果丝胶膨润溶解过度，丝条干燥慢，也会产生硬胶、粘条。

（四）附着物（黑点）形成原因

丝胶和它的吸附作用是产生黑点丝的内因；污物、毛屑丝、机械破损、丝条通道不清洁是产生黑点的外因。缫丝索绪汤温过高和索绪时间长都会使丝胶溶解量增加，丝胶溶解后大量凝聚在缫丝汤面。当丝条卷上筘子时，如果丝条通道的零件安装位置不正确或者清洁工作不到位，丝条通过时，就有一种形同小水珠的丝胶液积聚在那里，一段时间后，或者停车之后再开车时，或者丝条上有糙粒或裂丝时，这些丝胶液便被带上丝筘，干燥后就形成黑点。丝胶本身并非黑色，如果不是尘埃、污物污染，即使缫丝时将丝胶带上丝筘，烘干也不至于成为黑点。因此，污物、机械状况不好是构成黑点丝的外因。内染茧是一种由于病蚕或蛹体腐烂后污染所致的蚕茧，选茧时不易发现剔除。内染茧的污染微粒被带上小筘后，丝条就出现密集的、一连串的小黑点，即散布性黑点。

（五）污染丝

污染丝产生的原因有以下几方面：煤灰、煤烟和其他尘土随空气流入车间内进入大筘运转车厢；在霜降时期，雾大的地区，特别是早晨雾大的时候容易产生污染丝；复摇车厢的机件产生的铁粉末。

（六）颜色不整齐

造成颜色不整齐的原因比较多，主要有以下几方面。

1. 茧色 用颜色混杂的蚕茧缫丝，丝色必然不齐，具体表现为：油茧、黄斑茧缫丝的丝色为乳色；霉茧、米黄色茧、微绿色茧缫丝的丝色为白色带微绿；而内染茧缫丝的丝色为灰白。蚕品种对丝色有着不同的影响，春蚕较白，夏秋茧自带微绿。

2. 制丝用水水质 在缫丝过程中，茧丝表面的丝胶对水中的杂质，如盐类（Fe^{2+}、Fe^{3+}、Mn^{2+}、Cu^{2+}、Al^{3+}、Na^+、Ca^{2+}、Mg^{2+}）、色素以及胶体和悬浮物，具有较大的吸附性，水中杂质被吸附在茧丝表面，杂质的不同含量对生丝色泽、手感产生不同的影响。其次，煮汤、索汤、缫汤温度高，蛹体溶出物、色素脂酸和蜡质物溶解量多，丝条吸附量大，对丝色影响大。两种丝胶含量差异大的茧混合缫丝，丝色容易不整齐。缫丝用水流量不统一，也会对丝色造成一定的影响。

3. 缫丝机械 如煮茧机、缫丝机、小篗真空给湿机、复摇机等，若制造材料不统一，会影响丝色。因为这些材料都是和蒸汽、水接触，有的金属离子要被氧化而带入水中，被丝条吸附，影响丝色。

4. 配色成件 如果不按生产日期顺序成色、成件，每天，丝杂乱堆放，有的丝时间一长，容易使丝色显著变化，人为地造成颜色不整齐。

（七）夹花

产生夹花丝的原因有很多与颜色不整齐的产生原因相同，往往出现丝色夹花时，也会出现颜色不整齐。夹花丝根据夹花的表现形式分为层次夹花、线条夹花和短接夹花。

1. 层次夹花 产生原因有以下几方面：一是"三汤"突变，或长时间停车，如节假日休息等，没有用水冲洗煮茧机、索绪锅、缫丝机和丝条通道，管道中积存锈水；二是机油漏入缫汤，尘埃污物溶于缫汤，也会造成层次夹花；三是由于茧丝受霉菌侵蚀，破坏丝胶蛋白质，如蚕茧霉变，小篗丝片不干燥，浸水后的丝小篗放置太久。大量的有色茧，也会造成层次夹花。

2. 线条夹花 基本是由茧子问题引起的，缫丝茧色不一致，或者不同季节的蚕茧混缫，如秋茧和夏茧，或者因缫剥茧处理不同等都会产生线条夹花。

3. 短节夹花 大多是在小篗上产生的，比如小篗丝片干燥不好，就会形成一节一节的夹花。或者新木小篗未处理就投入使用，也会产生短节夹花。不过，目前缫丝厂用的小篗一般为铝合金材质的，短节夹花已经很少发生。

（八）绞重不匀

造成绞重不匀的原因比较多。缫丝工艺设计的缫折与实际缫折差距很大，络丝桶数没有进行相应的调整，就会造成丝片普遍偏大或偏小；立缫机有的丝�籰停筹过久，自动缫丝机在运转中部分车位停车时间过长，造成丝片厚薄悬殊；发生疵点丝（伤丝、油污丝、双丝）时弃丝过多；双丝部分过长，会使两片丝绞重差距明显；煮茧室的挖茧亏余量过大，没有挖准茧量，落丝桶数不准，或送茧工将桶数搞错，都可能导致丝片过大、过小。

复摇阶段，复摇工配片工作认真的话，可以有效避免绞重不匀的产生。

（九）双丝

在缫丝、复摇等过程中，丝条断裂后未及时处理或处理不当，使丝条卷入邻近丝条造成两根合并形成双丝。

1. 空小籰上丝 集绪过多（10绪以上），有的丝条运转很久才恢复到正确位置，而在不正确位置运转的那段丝条与正确的相互黏着，在复摇时被拉断而带上其他丝片，就会形成一段双丝。

2. 丝条断头 丝条断头后黏附在邻近丝条上，使两根丝条卷上同一个小籰，或缫丝接头后，误将丝条放在邻近的络交环里，或未放入络交环，而被另一绪丝条带上小籰，都会产生双丝疵点。

3. 复摇 复摇过程中以下几点也会产生双丝。

（1）复摇时小籰排列不规则，丝条离解方向不一致，丝条在卷绕过程中互碰，断头被带上另一丝片。

（2）复摇巡回慢，无规律，处理断头不及时。

（3）飞毛丝处理不好被风吹上丝条，带上大籰等。

4. 双丝防止棒和络交环 未安装双丝防止棒，或双丝防止棒太短，或丝小籰未插进双丝防止棒；或上丝、换籰、接结时丝条未挂进络交环，造成丝条卷绕在另一丝片上导致产生双丝。

5. 检查操作 操作人员检查丝片不细致，特别是对邻近丝片大小悬殊没有仔细检查，让双丝混入丝包。

（十）飞入毛丝

缫丝车间、车厢，复摇车间、车厢，小籰真空给湿装置以及小籰上毛屑丝多，容易飞入毛丝。缫丝工、复摇工将寻绪、接结后的毛丝，到处乱丢，也会造成飞入毛丝。

（十一）分层丝（脱壳丝）

丝条卷取张力不一致，特别是小籰丝片内层和外层离解张力不一致，这是造成分层的主要原因。其他原因还有小籰丝片给湿量、给湿水温差过大，丝条干燥时收缩不一；大籰丝片回潮率过低，又不进行丝片吸湿平衡而急于编丝、落丝；大籰丝片待接时间或停车时间过长；复摇车厢温湿度和车速突变。

第三节 检验设备及环境

丝类外观检验需要特定的环境，首先环境相对封闭，不能有外来光线干扰，其次需要特定范围内的照度。国内丝类检验用的灯罩有两种，一种为斗型集光灯罩（图5-25），另一种为平面组合灯罩，目前来说，用平面组合灯罩的比较多。斗型集光灯罩，内漆乳色无光漆，内装6支日光管；平面组合灯罩通过乳色有机玻璃产生折射，使光线柔和。不管哪种装置哪种型号，要求灯光照到丝把端面或丝筒的照度为450~500lx，且光线柔和。

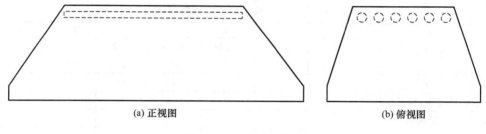

(a) 正视图   (b) 俯视图

图5-25 斗型集关灯罩

检验筒装丝和绞装丝的设备有所不同，筒装丝一般用检验台检验，而绞装丝尤其是长绞丝通常用检验车检验。检验台要求表面光滑无反光，尺寸要求适合使用的灯光装置，使灯光照度达到标准要求，台面距离地面80cm为宜。检验车根据绞装丝的不同也有区别，一般检验生丝的检验车为一台（每台装60把）或两台（每台装30把），一般每台车装5~6排，装满后推至灯光装置下检验。

第四节 检验方法

不管是工厂内部检验还是检验机构检验，检验丝批前，都要核对受验丝批的规格、包件号或者庄口，然后将丝批逐批上检验车/检验台检验，绞装丝需要拆开包丝纸的一端。

确认受验丝批无误后，首先检查丝批的整理成形和排列状态，然后在标准灯光下，用目力巡视全批丝的颜色、色泽差异。然后观察丝把或丝筒的疵点，如白斑的发现往往需要侧视或者平视，利用不同的角度观察，丝把的端面有无白斑疵点。将颜色不整齐、白斑或者污染等疵点的丝把或丝筒剔除，剔除后在剩下的丝批中抽取样丝。在抽取的同时，用手摸捏样丝，判定丝批的手感，继而确定整批丝的外观性状。

外观性状包括颜色、光泽、手感三项。颜色种类分为白色、乳色、微绿色三类，程度以淡、中、深表示；光泽程度以明、中、暗表示；手感程度以软、中、硬表示。

在抽取的样丝中，逐绞或逐筒检验外观其他疵点，如夹花、污染丝、飞入毛丝等，利用手感检验有无绞重不匀等疵点。检查夹花丝尤其是线条夹花时，握住丝绞，顺着丝缕方向用手指往复抚触，能很明显地检查出有无夹花；检查篗角硬胶时，需要观察每一个篗角部位，必要时用手指捏篗角，判断有无篗角硬胶疵点；检查疵点时，多种疵点应同时观察，提高检验效率。最后按照外观批注规定（表5-4~表5-7）记录整批丝外观疵点的有无极其数量，确定外观等级（表5-8）。

表5-4　生丝、土丝、双宫丝疵点批注规定

疵点名称		生丝批注数量				双宫丝、土丝批注数量		
		整批（把）	拆把（绞）	试样（绞）	筒装（筒）	整批（把）	试样（绞）	筒装（筒）
主要疵点	霉丝	>10			>10	>5		>5
	丝把硬化（丝条胶着）	>10			>20			
	篗角硬胶		6	2			2	
	粘条		6	2			2	
	附着物（黑点）		12	6	>20			
	污染丝		16	8	>15		3	>10
	纤度混杂			1	1		1	1
	水渍	>10			>10	>5		>10
	成形不良				>20			>10
一般疵点	颜色不整齐	>10			>10	>5		>10
	夹花（色圈）		16	8	>20	>5	3	>15
	白斑	>10						
	绞重（丝筒）不匀			4	>20	>5	2	>10
	双丝			1	1		1	1
	重片丝			1			1	
	切丝		16		>20	>5	2	>10
	飞入毛丝			8	>8			
	凌乱丝			6			2	
	跳丝 *				>10			>10
	缩曲丝 *					>5		>10
	扁丝 *					>5		>10

注　* 表示疵点不属于生丝疵点。

表 5-5 柞蚕丝疵点批注规定

疵点名称		柞蚕丝批注数量		
		整批	拆包（绞）	试样（绞）
主要疵点	颜色极不整齐	3包		
	重夹花	3包		
	污染丝	2绞	1	1
	双丝			1
	硬角丝			1
	伤丝	2绞	1	1
一般疵点	颜色不整齐	2包		
	夹花	2包		
	断头丝		3	2
	松紧丝		1	1
	绞重不匀	3包	5	2
	重片丝		1	1
	附着物	2包	5	2
	直丝		2	1
	缩丝	2包	2	1
	磨白丝	2包		
特殊疵点	霉丝			
	异质丝			
	丝绞硬化			

表 5-6 捻线丝疵点批注规定

疵点名称		捻线丝批注数量			
		整批（把）	拆把（绞）	试样（绞）	筒装（筒）
主要疵点	宽急股		8	2	10
	拉白丝		8	2	8
	多根（股）与缺根（股）			1	1
	双线			1	1
	污染丝		8	2	8
	杂物飞入（筒装属一般疵点）		8	2	10
	长结（筒装属一般疵点）		8	2	10
	成形不良				20
一般疵点	缩曲丝		8	2	10
	切丝		8	2	8
	色不齐	>10			10
	夹花（色圈）	>10			20
	整理不良	>10			
	丝筒不匀				20
	跳丝				10

表 5-7 筒装绢丝、筒装䌷丝疵点批注规定

疵点名称		筒装绢丝批注规定	筒装䌷丝批注规定
		批注数量（筒）	批注数量（筒）
主要疵点	支别混错	1	1
	明显硬伤	1	1
	污染丝	1	1
	霉变丝	1	1
	异股丝*	1	
	其他纤维*	1	

疵点名称		筒装绢丝批注规定	筒装紬丝批注规定
		批注数量（筒）	批注数量（筒）
一般疵点	色不齐 *	10	
	色圈 *	8	
	断丝	4	4
	跳丝	8	8
	成形不良	4	6
	水渍	4	4
	夹带杂物 *	2	
	筒重偏差	8	10
	标志错乱 *	2	

注 * 表示为筒装绢丝独有疵点。

表 5-8 外观评等方法

分级	生丝、粗规格生丝
良	整理成型良好，光泽手感略有差异，有 1 项轻微疵点者
普通	整理成型一般，光泽手感有差异，有 1 项以上轻微疵点者
稍劣	主要疵点 1~2 项或一般疵点 1~3 项或主要疵点 1 项和一般疵点 1~2 项
级外品	超过稍劣范围或"颜色极不整齐"者

外观检验中会遇到剔把（筒）和拆把的情况。当遇到丝把硬化或发霉的丝把，丝条胶着或发霉的丝筒，整把污染或水渍的丝把，大面积污染或水渍的丝筒，颜色不整齐并且不到降级规定数量的丝把或丝筒等情况时，必须剔除涉及到的丝把或丝筒。

当出现两绞（筒）样丝大小重量相差 20% 以上时，与普遍重量更接近的一绞（筒）不算绞（筒）重不匀，只批注一绞（筒）为绞（筒）重不匀。多组道理相同。

外观因颜色不整齐降级的丝批，不做剔把处理，且不影响其他外观疵点剔把处理。同时应注意颜色不整齐是否是由于层次夹花引起，切勿混淆。如果是层次夹花，整把剔除，不做颜色不整齐批注。若整批丝颜色明显呈灰色，虽然颜色统一，但批注为污染丝。若整批丝中发现个别丝包或丝筒颜色不匀，则需从丝包中抽样或抽取丝筒（表 5-9），认真检查，确认纤度混杂、层次夹花等原因。

检验完毕后，如果是检验部门，需要将样丝封好带回，及时移交丝类检验实验室，进行后续器械检验；如果是厂内检验，将疵点丝剔除，其他样丝整理后继续使用。

表 5-9　抽样方法

丝类	绞装（筒装）		抽取绞（筒）数	抽取部位
生丝	绞装		25	边部 12 绞、角部 4 绞、中部 9 绞
	筒装		20	随机
粗丝	绞装		10	随机
土丝	绞装	小绞丝	20	四周 10 绞、中部 10 绞
		长绞丝	10	四周 6 绞、中部 4 绞
	筒装		10	随机
双宫丝	绞装	小绞丝	20	四周 10 绞、中部 10 绞
		长绞丝	10	四周 6 绞、中部 4 绞
	筒装		10	随机
捻线丝	绞装	五件型	10	随机
		十件型		抽样数量按比例计算
	筒装		20	上层 8 筒、中层 6 筒、底层 6 筒
绢丝	绞装		10	随机
	筒装		10	随机
绸丝	绞装		10	随机
	筒装		10	随机

参考文献

[1] 苏州丝绸工学院，浙江丝绸工学院.制丝学［M］.北京：纺织工业出版社，1982.

[2] 国家进出口商品检验局.生丝检验［M］.天津：天津科学技术出版社，1985.

[3] 陈文兴，傅雅琴，江文斌.蚕丝加工工程［M］.北京：中国纺织出版社，2013.

[4] 真砂义郎，等.丝织物对生丝质量的要求［M］.杨爱红，白伦，译.北京：纺织工业出版社，1985.

[5] 白伦.制丝工程管理基础.苏州丝绸工学院印刷.

[6] 胡柞忠.茧丝检验［M］.北京：中国农业科学技术出版社，2013.

[7] 董炳荣.绢纺织［M］.北京：纺织工业出版社，1991.

第六章　切断检验

第一节　检验目的

切断是指丝条在一定外力作用下进行卷绕时产生的断头。丝织企业在投产前可根据切断检验成绩进行织造的品种安排和采取恰当的织造工艺，最大限度发挥原料性能，提高生产效率和织物品质。在丝织物的生产中，必须先将绞装丝类产品的头理出卷绕到丝锭上，再对丝锭上的丝条进行后续的并丝、捻丝和其他织造过程。丝类产品作为丝织物的原料，若切断成绩不理想，后续织造过程中必然会增加断头次数、费时费工，降低生产效率，且断头使屑丝增多，原料消耗增大，增加生产成本。同时，接头增多也会增加丝织物结节类疵点，影响绸面质量。所以，丝织企业极为重视切断检验成绩，特别是当今高速织机广泛运用和纺织机械智能化程度不断提高，对切断指标的要求也越来越高。制丝企业为了满足丝织企业要求，必须采取一切必要措施降低切断次数。在切断检验过程中，通过分析产生切断的原因，能够帮助制丝企业改进生产，提高产品质量。

切断检验也是为丝类产品其他各项器械检验制备丝锭样品，如生丝检验中的纤度、均匀、清洁及洁净、断裂强度及断裂伸长率、抱合、茸毛、单根生丝断裂强度和断裂伸长率、含胶率等；双宫丝检验中的纤度、特征检验等；土丝检验中的纤度、疵点检验等。同时在切断检验过程中，可以观察和发现丝片内部的疵点，补充外观检验的不足。

第二节　检验原理

切断检验是在规定的卷取速度和时间内，观察记录检验样丝卷取到丝锭过程中的断头次数，又称再缫检验。切断检验的实质是模拟丝织企业络丝生产过程，鉴定丝批能否顺利进行再缫，若切断检验次数高，络丝生产难度可能增大。切断检验的对象是以绞装成形的生丝、双宫丝、土丝，筒装丝不需要进行切断检验。

第三节 切断类型及产生原因

随着蚕品种的优育，缫丝设备自动化的普及，缫丝工艺的改进，管理水平的提高，蚕丝的品质已经有了较大幅度的改善。但是，高速织机要求的连续性、高速度、高效率，对蚕丝的切断指标提出了更高的要求，因此，明确切断类型及产生原因，可以指导制丝企业在生产过程中防止和减少切断，生产出适应高速织机需要的丝类产品。

一、切断类型

制丝生产方式不同，切断类型及产生的原因也有所不同，如以往立缫方式产生的胶块状黑点导致切断的现象基本消失。随着自动缫丝方式的普及，制丝生产工艺和操作方式发生变化，切断次数较立缫方式时代明显减少，目前，丝类产品切断类型主要集中在以下方面：箴角处伤丝；绞首尾断头；编丝处伤丝；箴角硬胶粘条；压折痕伤丝；抱合不良；打结不良；丝条穿层；丝片成形不良；脆弱丝。

此外，还有细丝、裂丝、糙结、废丝、丝条缠绕等引起切断。

二、产生原因分析

丝纤维是天然蛋白质纤维，其分子结构中包含规则的结晶区和不规则的非结晶区，结晶区内分子结构紧密，抵抗外力能力强，非结晶区内存在弯曲和缠结的分子结构，在外力拉伸下可以变直和伸长，除去外力后又可回复原状，因而，丝纤维既具有较高的强度又具有较好的伸长度，一般来说，不易产生切断。以 20/22 旦生丝为例，其绝对强力为 0.69~0.94N（70~96gf），相对强度为 0.033~0.042N/旦，而缫丝张力规定一般不超过 0.015~0.25N（15~25gf），相对强度在 0.007~0.012N/旦；复摇或络丝张力不超过 0.029N，相对强度约为 0.0015N/旦；丝织物在织造过程中上机张力相对强度为 0.007~0.010N/旦。无论从强力还是强度来看，丝类产品本身的强力都大大超过缫制和织造张力，不会产生切断。即使纤度落细至 12 旦，丝条本身的强力仍超过复摇及再缫张力，也不会产生切断（不会单纯因丝条本身问题产生断裂），故必然是由于丝条上瞬时张力突增使丝条承受不了以致断裂。下面就常见的制丝生产中产生切断的原因进行分析。

（一）箴角处伤丝

制丝企业缫制的小箴丝片通过复摇机卷绕成大箴丝片，大箴一般为六角形，因此，每一丝片形成六个箴角。在复摇过程中，由于温湿度管理不当而使湿度过大，或复摇张力过大，导致丝片紧绷在大箴上，复摇完成后丝片不易从大箴上落下，落丝操作不慎，丝片箴角处被擦伤。

（二）绞首尾断头

丝片在绞丝过程中，由于抽插铜扦不当或用力过猛，或成把过程中成把机挤压过大，导致成把后抽取铜扦时擦伤丝片绞头绞尾。

（三）编丝处伤丝

大箴丝片复摇完成后，送至编检处进行编检整理，编检工在大箴上对丝片进行编丝整理时，用力过猛或使用编丝针角度不准，导致编丝针插入丝片时钩断或损伤编丝处丝条；或编丝线拉得过紧，导致编断，勒伤丝条。

（四）箴角硬胶粘条

丝片在复摇过程中，由于温湿度管理不当使湿度过大或温度过低，导致大箴上丝片未烘干，在箴角处形成硬块，或箴角过分挺括而丝条相互粘连，在退绕时不易分开形成切断。

（五）压折痕伤丝

丝片从复摇到成批过程中，由于操作不慎或因机械故障等外力作用，导致丝片受到挤压或折伤，形成明显的压折痕迹，络丝卷取到此处时容易产生切断。

（六）抱合不良

在制丝过程中，由于丝鞘过短过松、无鞘缫丝、慢速缫丝等不当工艺因素的影响，或使用了过夜茧导致丝条的丝胶性能发生变化，丝条相互间抱合不紧密。此类丝条在络丝卷绕时易发生切断，能明显发现断头处丝条呈分裂状。

（七）打结不良

打结不良包括打结不牢和打长结。丝条在缫制过程中发生断头，挡车工接结后，割结（咬结）留下的结端长度应为 1~3mm，若割结（咬结）过短，结端长度低于1mm，极易形成打结不牢，则丝条退绕时易造成脱结断开；若割结（咬结）过长，不仅影响清洁洁净成绩，且丝条在退绕时易产生退绕张力的突增，将丝条直接拉断。

（八）丝条穿层

在复摇至编检整理过程中，丝条发生切断后，操作工未按丝条顺序方向寻绪结头，假结头或错结头，导致丝条穿入丝片中，丝片层次不清，在退绕时产生吊断。

（九）丝片成形不良

丝片在复摇至成把整理过程中，由于温湿度管理不当使湿度过低、温度过高，造成丝片毛乱分层；络绞装置行程不当，造成络绞花纹过度清晰或花纹混乱不清；丝片过宽造成丝条紧绷，丝片过窄形成塌边；丝条在复摇中未进入络绞钩在大箴上形成直丝等，都会造成丝条在退绕时因张力发生突变产生切断。

（十）脆弱丝

蚕茧霉变或茧丝丝胶发生明显变性，导致丝条强伸力极差，容易在卷绕时产生切断。

（十一）其他

在缫丝过程中，绪下茧粒数连续发生掉绪且落细时间较长，造成极细的野纤度丝条，容易产生切断。

在缫丝过程中，鼓轮架、磁眼孔壁等丝通道不光洁易拉毛丝条产生裂丝；磁眼孔径过大，使丝条轻易穿过磁眼，在退绕过程中糙颣处容易产生切断。

煮茧偏生的茧丝离解时被硬拉出，或复摇前小篗丝片平衡时间不够且给湿未能均匀湿透，小篗丝条退绕被硬拉出都会造成伤丝、裂丝，容易产生切断。

在缫丝或复摇过程中弃丝未处理干净或飞入毛丝，丝条在退绕时与废丝丝条相互缠绕易导致切断。

第四节　检验设备

切断检验的设备是切断机（图6-1），是由机身、传动机构、卷绕机构、移丝

图6-1　切断机

机构、丝络和丝锭六个部件组成。

一、机身

由头、中、尾上下支架、导轨、机梁管和支架连接钢管等，采用螺栓连接紧固而成，是装配其他零部件的基础。

二、传动机构

采用可以调速的有极或无极电动机，通过两根三角皮带带动主轴，再有两对45°圆柱螺旋齿轮带动摩擦轮旋转。丝锭的卷取速度可调节为110m/min、140m/min、165m/min三种，并且要求转动平稳一致。

三、卷绕机构

由摩擦轮转动的摩擦力带动锭轮，通过锭轮带动丝锭转动，把丝络上的丝条引出，经导丝钩卷绕到丝锭上。

四、移丝机构

因摩擦轮端头的小齿轮带动大齿轮和端面凸轮缓慢而匀速旋转，使其装在摆杆机构上并紧贴端面凸轮工作的小滚动轴承沿轨迹运转，实现移丝机构做往复运动。为了避免导丝机构周而复始走同样的路线，同时采用了一组齿轮和倾斜的差动板组成微差机构，这样除端面凸轮转动产生的导程外，还增加了一些微量的导程，使卷取的丝层更均匀。

五、丝络

丝络（图6-2）也称为丝籰，身体轻便，转动灵活。目前一般使用中心自动式丝络，其周长根据需要在一定的范围内可放大或缩小，便于上丝和落丝。丝络的重量一般为500g/只。

六、丝锭

丝锭（图6-3）一般为不易变形的木质或塑料为主的圆筒形，中央有小孔，可以通过锭轮带动丝锭转动或插锭轴带动丝锭转动。丝锭需轻便光滑，重心在中央，转动圆滑，张力均匀。每只丝锭的重量约为100g；其尺寸为：锭端的直径为50mm，中段的直径为44mm，长度为76mm。

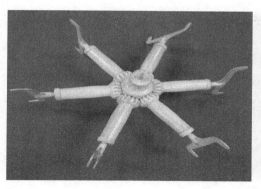

图 6-2 丝络

图 6-3 丝锭

第五节 检验环境

丝类产品的切断检验应在 GB/T 6529—2008 规定的标准大气和容差范围下进行，即温度为（20.0±2.0）℃，相对湿度为（65.0±4.0)%，试样应在上述条件下平衡 12h 以上方可进行检验。若个别标准有特殊规定，按照其特殊规定执行。

第六节 检验方法

一、样品制备（上丝）

（一）样品数量

1. 生丝 每批 25 绞试样，10 绞自面层卷取，10 绞自底层卷取，3 绞自面层的 1/4 处卷取，2 绞自底层的 1/4 处卷取。

2. 桑蚕双宫丝 每批小绞丝 20 绞试样，长绞丝 10 绞试样；半数自面层卷取，半数自底层卷取。

3. 桑蚕土丝 每批小绞丝 20 绞试样，长绞丝 10 绞试样；半数自面层卷取，半数自底层卷取。

如果样品数量没有达到上述要求，则按照特殊要求进行检验，面层、底层相应数量可按比例折算，并对检验结果添加备注样品数量情况。

（二）上丝

（1）核查抽样记录单与样丝情况是否一致。发现绞数不符、疵点丝和条份粗细有明显差异等异常情况，应及时查找原因并解决。

（2）调节丝络，使其松紧适度，大小与丝片周长适应。

（3）将丝绞按照要求使面层朝上或底层朝上，平顺地绷于丝络上；按丝绞成形的宽度摆正丝片，然后拆除编丝线、留绪线，理出丝片，绕上丝锭。上丝过程中发现丝绞中篓角硬胶、粘条，可用手指轻轻揉捏，以松散丝条。

（4）若检验样品为生丝，其中3绞从面层、2绞从底层要去除1/4丝片。去除丝片的过程应手势干脆利落，不可使下部丝片毛乱浮松。

二、切断机卷取速度与检验时间的选择

根据丝类产品的类型和名义纤度选择，按照表6-1和表6-2的规定，选择合适的卷取速度。

表6-1　切断机的卷取速度与检验时间（生丝）

名义纤度（旦）	卷曲速度（m/min）	预备时间（min）	正式检验时间（min）
12（13.3dtex）及以下	110	5	120
13~18（14.4~20.2dtex）	140	5	120
19~33（21.1~36.7dtex）	165	5	120
34~69（37.8~76.7dtex）	165	5	60
70及以上	165	5	40

表6-2　切断机的卷取速度与检验时间（桑蚕双宫丝、桑蚕土丝）

名义纤度（旦）	卷曲速度（m/min）	预备时间（min）	正式检验时间（min）	
			长绞丝	小绞丝
79（87.8dtex）及以下	165	5	60	30
80~159（88.9~176.6dtex）	165	5	40	20
160（177.8dtex）及以上	165	5	20	10

三、检验步骤

当正式检验时间开始时，如尚有丝绞卷取情况不正常，可适当延长预备时间。检验过程中，要加强巡回，处理停络要及时，多次停络的丝片要重点关注。卷绕时要注意丝锭转速是否基本一致，如果有异常，要立即停止卷绕，查找分析原因。找头接头手势要轻，不使丝片毛乱浮松。分析记录断头原因准确，设备故障和操作不慎引起的断头须排除，不作记录。观察丝绞形式、色泽和手感有无明显差异，有无疵点丝，发现问题，做好记录，及时处理。要做到眼看、手摸、笔记。

生丝一般按照标准要求的1/4时间更换丝锭，第一回和第三回的丝锭放在一个盘中，第二回和第四回的丝锭放在另一个盘中；粗规格生丝、桑蚕双宫丝或桑蚕土丝卷绕时，丝锭满了就及时更换。

在切断检验记录单上准确完整记录温湿度、预备及正式检验时间、检验批号、仪器编号、检验员等可能需要追溯的内容。存放丝锭的盘上要有与检验批次相匹配的标记，严防批次错乱。检验结束后编丝下绞，对号包存。

四、结果计算

以正式检验时间内的切断次数相加作为该批切断检验结果，单位为次。

按我国现行标准规定，以下几种情况不计次数。

（1）同一丝片由于同一切断原因，连续产生5次时，经处理后继续检验，如再产生仍为同一原因的切断，则不做切断次数记录；如为其他切断原因，则继续记录切断次数，该丝片的最高切断次数定为8次，超过8次，不再计数。

（2）凡是在丝绞的1/4处卷取的丝片不计切断次数。

（3）预备时间内的切断不计次数。

第七节　典型问题分析

在切断检验中，应注意观察整批样丝有无异常情况，这种异常情况有可能来自企业管理和自身产品质量问题，也有可能是检验过程中检验人员出现差错所致。通过异常丝批的原因分析有利于促进企业加强产品质量管理，检验机构加强检验工作规范。在切断检验中要注意外观疵点的核查，注意有无纤度（支数）混杂、双丝出现。

一、外观疵点核查

切断检验工作的职责就是要观察和发现丝片内部的疵点，弥补外观检验的不足。通常在检验工作中发现有夹花、黑点、篾角硬胶粘条等疵点，应核查剩余样丝，整批品质样丝中这些外观疵点数量是否达到批注数量，若达到，报告相关负责人核查外观检验单上是否有该外观疵点批注，若未批注，则应与外观检验员核实后对该批丝进行正式批注。

二、纤度（支数）混杂

同一批丝发现有明显不同粗细的丝片或丝锭。首先应查找检验工作是否存在失误，查找当天同时检验的丝批是否有不同规格，若有，则要对相邻检验的不同规格丝批的丝片进行排查。检查在切断检验上丝时是否错乱，或者制取的丝锭有无错放，若发现是检验工作失误引起的纤度混杂，失误的具体环节，混杂的丝片数量都要排查清楚并实施纠正措施，重新制取样品丝锭，确保检验结果准确。

若同时接受检验的丝批中无不同规格，且经核查检验工作不存在失误，则可能是企业生产过程中导致了纤度混杂。企业需查找原因，并实施纠正措施，防止今后发生类似生产质量事故。

三、双丝

丝片中部分丝条卷取两根及以上，长度在 3m 以上者为双丝。表现形式为在切断检验卷取丝锭过程中明显发现一片丝内两根及以上丝条卷绕在同一丝锭上；或同时卷取一批丝锭，个别丝锭容量比其他丝锭明显大，取下观察发现有两根及以上丝条卷绕在同一丝锭上。因切断检验各丝片退绕的路径不一样，检验中不可能造成双丝，应为企业生产过程中造成。当确证为双丝后，应在检验工作单上批注，留样待实验室相关负责人处理并反馈给企业。

观察发现的双丝，若明显看出两根或两根以上丝条松散地缠绕在一起，这种双丝是企业在复摇生产工序中产生的，若丝条相互紧密缠绕，仅有个别处丝条松散开能看清楚有两根或两根以上丝条，这种双丝是企业在缫丝生产工序中产生的，可将这些信息反馈给企业改进。

双丝的防止措施如下。

（1）缫丝时，仔细检查丝条是否套入络交环且分别卷绕在各自的小箴上。在进行上丝、捻鞘、接结、弃丝等操作后，检查丝条是否套入络交环内，防止套入邻近的络交环或放在络交环外，被带上另一丝箴。

（2）发现双丝必须弃尽。

（3）复摇浸水装置上安装双丝防止棒，复摇机安装毛发棒，都能有效地防止双丝。

（4）复摇时，丝小箴的离解方向应一致；上丝、换箴、接结后，丝条应挂入络交环；有双丝防止棒的丝箴应套入双丝防止棒里复摇；接丝、落丝、扣面头时，应将大箴绪头倒回半转，查看是否有双丝；加强巡回检查，及时接好断头。

（5）复摇、编检人员要注意检查特粗丝条和特大丝片，以便及时发现并剔除。

（6）缫丝、复摇车间、车厢等要保持清洁卫生，防止毛丝牵连着丝条而使邻近的两根丝条并和卷取。

参考文献

［1］ 国家进出口商品检验局. 生丝检验 ［M］. 天津科学技术出版社，1985.

［2］ 李晓红. 防止生丝切断的措施 ［J］. 广东蚕业，39（2），13-15.

［3］ 俞学良. 影响蚕茧质量的原因及对策 ［J］. 云南农业科技，2010 年增刊，79-80.

［4］ 朱焰波，李晓红，陈锦祥，等. 生丝品质与蚕茧生产的关系浅析 ［J］. 广东蚕业，1997（2），56-60.

［5］ 许才定，梁晓鸽，张平菊. 减少生丝切断次数提高生丝强伸度 ［J］. 国外丝绸，2004（1），1-6.

第七章 纤度（支数）检验

第一节 检验目的

纤度（支数）检验是测定丝条（纱线）粗细及其离散程度的一项主要检验手段。丝条（纱线）粗细是有一定规格的，不同规格的丝类产品对织造企业在设计各种绸缎的匹长、匹重、幅宽及经纬密度等均有密切关系，其粗细程度影响织物品质、织造效率和原料消耗。据统计，影响织物织造的丝类产品质量问题，主要是清洁、纤度（支数）不匀和切断，若丝条（纱线）中有较明显的粗细不匀丝段，则易使织物产生经柳、纬档、厚薄不匀、染色不匀等织疵和染斑，用户十分重视纤度（支数）检验成绩，故列为丝类产品主要检验项目之一。

由于受蚕品种、饲育环境和茧层部位的不同，茧丝本身存在粗细不一，在生产过程中又受到设备、工艺、操作、管理等因素影响，丝条粗细也会经常发生变化，这种变化超过一定程度，则会影响丝类产品质量，需要在生产过程中加以控制。如在制丝生产中，原料茧解舒较差容易造成掉绪；感知器失灵造成失添、多添；挡车工未及时处理绪下越外茧粒数等都容易造成丝条纤度波动大；若丝条过粗过细，纤度偏离平均值过大，这种纤度称之为野纤度，野纤度是造成织物品质下降的最主要原因，尤其是细野纤度对织物品质和织造故障的影响很大。所以，可以允许丝条有一定的纤度波动，但不能有野纤度。因此，对丝类产品纤度成绩进行检验，可以帮助制丝企业在生产过程中加强纤度管理，防止野纤度产生，生产出纤度波动小、质量稳定的丝类产品，为丝织物织造提供可靠的原料质量保障。

同样，在绢丝或䌷丝的纺制过程中，若工艺参数如牵伸倍数、并合数、出条定量等设置不合理，或喂入棉条不匀、器械张力波动等，都会造成纱条粗细不匀，影响纱线质量。因此，对绢丝或䌷丝的纤度（支数）进行检验，可以帮助企业在生产过程中加强条干均匀性控制管理，纺制出质量稳定符合客户要求的产品。

所以，开展纤度（支数）检验，不仅为织造企业织造丝绸制品提供了原料的纤度（支数）成绩检验数据，还为丝类产品生产企业改进纤度（支数）成绩提供了技术支撑，纤度（支数）检验对指导制丝类产品生产和丝绸织造生产都具有现实意义。

第二节　检验原理

一、原理

由于丝类产品的直径太小且是一个随机变量，用测量直径或横截面积的方法直接测量其粗细，既耗时也难以保证测量精度，因此，需要采用间接测量方法。目前，国内外对丝条纤度（支数）检验的方式有两种，一种是传统检验方式，另一种是电子检验方式。

（一）传统检验方式

传统检验方式是用一定长度的丝条重量（纤度）或一定重量下的丝条长度（支数）作为测量值表征丝条粗细。根据中心极限定理，一定样本容量下的纤度（支数）分布近似正态分布，因此，用一定样本容量下的均方差和变异系数表征其粗细的离散程度。用最大（最小）纤度（支数）值与平均值的差，表征其粗细的最大差异。用实测支数与名义支数的差异百分比表征实际生产规格与设计规格的差异。我国现行标准 GB/T 1797—2008《生丝》、FZ/T 42010—2009《粗规格生丝》、FZ/T 42005—2016《桑蚕双宫丝》、FZ/T 42009—2006《桑蚕土丝》、GB/T 14033—2016《桑蚕捻线丝》、FZ/T 42002—2010《桑蚕绢丝》、FZ/T 42006—2013《桑蚕䌷丝》等都是采用此方式检验丝条粗细——纤度（支数）及其变化程度。国外日本生丝标准《生丝检查规则》及印度生丝标准《生丝分级与试验方法》等也是采用此方式检验生丝纤度成绩。

（二）电子检验方式

电子检验方式是采用光电传感器对丝条粗细及其变化程度进行检验，当丝条通过光电传感器时引起光电强度变化与标准值的比较来间接测量丝条粗细，并用一定长度的丝条粗细变化的变异系数表征其纤度变化。目前，国际标准 ISO 15625：2014《生丝　疵点　条干电子检验试验方法》、我国 SN/T 2011—2007《生丝电子（电容）检测方法》以及意大利等欧洲国家采用此方式检验生丝纤度成绩。

二、概念及计量单位

（一）纤度及支数概念

1. 纤度　纤度是指丝条粗细的程度，以一定丝长的重量表示，常用单位有旦、tex、dtex。纤度属于定长制，是用 9000m 长度的丝线的质量直接表示丝条粗细的物理量，常用于蚕茧缫制的丝类产品及人造纤维等。凡丝长 1000m，丝量 1g 时称为 1tex。凡丝长 10000m，丝量 1g 时称为 1dtex。凡丝长 450m（400 回）、丝量 0.05g 或丝长 9000m（400 回）、丝量 1g 时称为 1 旦。所以在进行丝类产品纤度检验时，纤度机机框周长规定为 1.125m（1 回），就是为了满足摇取 400 圈生丝，能达到 9000m 的长度。一般生丝、土丝、双宫丝的细度用"旦"作为表示单位。

2. 支数 支数也表示纤维或纱线粗细程度，纱线单位质量的长度称为支数，常用单位有公支（Nm）、英支。支数属于定重制，是间接表示纤维或纱线粗细的物理量。公定回潮率时 1g 重绢丝所具有的长度以米制表示的数值即为其公支数。一般绢丝、䌷丝的细度用支数作为表示单位。

（二）计量单位说明

1984 年 2 月 27 日，国务院发布了《关于在我国统一实行法定计量单位的命令》，确定了以国际单位制（SI）单位为基础的我国法定计量单位。在 GB 3100—1993《国际单位制及其应用》及 GB 3102.3《力学的量和单位》标准中规定对可用于纤维细度描述的物理量是"线密度"，对应的 SI 单位是"kg/m"，但该标准允许"部分非 SI 单位作为我国法定计量单位可与 SI 单位并用"，其中纺织行业的"特［克斯］"可作为"线密度"的法定单位使用，单位符号为"tex"。由于分特［克斯］与特［克斯］是分数关系，按标准规定，分特［克斯］也是法定计量单位。鉴于丝绸行业在生产、检验、贸易上习惯使用旦尼尔（denier）、公支（Nm）等表示纤维细度的单位，因此，在实际使用中，一般将惯用计量单位与法定计量单位并列显示，以满足各方需要，如旦（dtex）、公支（dtex）。

（三）计量单位公式及换算

1. 旦尼尔（旦）

$$D = \frac{m}{l} \times 9000 \qquad (7-1)$$

式中：D——纤维纤度，旦；
　　　m——纤维质量，g；
　　　l——纤维长度，m。

2. 特克斯（tex）

$$Tt = \frac{m}{l} \times 1000 \qquad (7-2)$$

式中：Tt——纤维纤度或细度，tex；
　　　m——纤维质量，g；
　　　l——纤维长度，m。

3. 分特克斯（dtex）

$$T_{dt} = \frac{m}{l} \times 10000 \qquad (7-3)$$

式中：T_{dt}——纤维纤度或细度，dtex；

    m——纤维质量，g；

    l——纤维长度，m。

由于丝类产品纤度较细，采用特克斯值过小，所以，丝绸行业多采用分特克斯（dtex）作为法定计量单位。

4. 公支

$$N_m = \frac{l}{m} \qquad (7-4)$$

式中：N_m——纤维细度，公支；

    m——纤维质量，g；

    l——纤维长度，m。

双股桑蚕绢丝名义细度的标示，以单股名义公支数/2（单股名义分特数×2）表示。

5. 单位换算

根据以上公式，可以推算出以下换算关系：

$$1 \text{ 旦} = 9\text{tex} \qquad (7-5)$$

$$1\text{tex} = 10\text{dtex} \qquad (7-6)$$

$$1 \text{ 旦} = 0.9\text{dtex} \qquad (7-7)$$

$$1\text{dtex} = 10000/\text{公支数} \qquad (7-8)$$

$$1 \text{ 旦} = 9000/\text{公支数} \qquad (7-9)$$

三、生丝直径与纤度的关系

根据生丝纤度公式

$$D = 9000 \times \frac{g}{L} \qquad (7-10)$$

式中：D——纤度，旦；

    g——重量，g；

    L——长度，m。

而生丝重量与生丝直径有关。假设生丝横截面呈圆形，则

$$g = \frac{\pi}{4}\left(\frac{d}{10000}\right)100LP = \frac{\pi LP}{4 \times 10^6}d^2 \qquad (7-11)$$

式中：d——直径，μm；

L——长度，m；

P——密度，g/cm³。

（生丝直径由厘米化为微米为；长度由米化为厘米为 $100L$）

将式（7-11）代入式（7-10）即得

$$(7-12)$$

设
$$9000 \times \frac{\pi P}{4 \times 10^6} d^2 = \frac{1}{K^2}$$

则 $D = \dfrac{d^2}{K^2}$，　　　即 $d = K\sqrt{D}$，K 为系数。

K 系数是根据我国上海纺织研究院对干丝测定之值 12.30，日本生丝检验所根据《国际生丝检查及分级方法》一书取值为 14.75，铃木三郎调查日本春秋原料茧得 K 值为 12.82，广东检验检疫局使用显微投影仪（瑞士产，型号 4011-4016/MMA），并将样丝在标准温湿度条件下平衡 24h 后，测得 21 旦生丝直径约 56mm。

取 K 值 12.30 计算，得出各种纤度生丝直径见表 7-1。

表 7-1　不同纤度的生丝直径

条份（旦）	直径（μm）	条份（旦）	直径（μm）	条份（旦）	直径（μm）
10	39	24	60	38	76
11	41	25	62	39	77
12	43	26	63	40	78
13	44	27	64	41	79
14	46	28	65	42	80
15	48	29	66	43	81
16	49	30	67	44	82
17	51	31	68	45	83
18	52	32	70	46	83
19	54	33	71	47	84
20	55	34	72	48	85
21	56	35	73	49	86
22	58	36	74	50	87
23	59	37	75	51	88

条份（旦）	直径（μm）	条份（旦）	直径（μm）	条份（旦）	直径（μm）
52	89	58	94	64	98
53	90	59	94	65	99
54	90	60	95	66	100
55	91	61	96	67	101
56	92	62	97	68	101
57	93	63	98	69	102

第三节　检验设备

一、小绞丝摇取装置

小绞丝摇取装置主要有检尺器、纤度机、缕纱测长器三种。检尺器是制丝企业在生产现场，从小箃上摇取纤度小绞样丝所用设备，小箃周长为1.125m，手摇把柄摇取100回或50回纤度小绞样丝，如图7-1所示。纤度机和缕纱测长器则主要是专业检验机构使用。纤度机用于从切断检验时制取的丝锭样上卷取纤度检验用的小绞样丝，机框周长为1.125m或1m，卷绕速度为300r/min左右，附有回转计数器、自动停箃装置，记录卷绕回数，达到设定回数时自动停止转动，如图7-2所示。缕纱测长器用于卷取绢丝及紬丝支数检验用小绞样丝，机框周长为1m，附有横动导纱装置、可调节的张力控制装置，如图7-3所示。

图7-1　检尺器

图 7-2　纤度机　　　　　　　图 7-3　缕纱测长器

二、绞丝装置

绞丝装置可分为电动绞丝机和手动绞丝机两种。将从纤度机（缕纱测长器）上卷取的长绞丝折绞成短绞丝小样，以备称计时用，如图 7-4 和图 7-5 所示。也可人工用手将长绞丝挽制成短绞小样，注意保持小绞丝条光滑不毛乱。

图 7-4　电动绞丝机　　　　　　图 7-5　手动绞丝机

三、天平

天平分电子天平和机械天平，无论哪种天平，其称量范围应适当，最小分度值≤0.001g 或最小分度值≤0.01g。

根据不同用途，可配置最低精度要求的天平。用于逐绞称量小绞样丝的天平，最小分度值需≤0.001g；若只用于称计每组小绞样丝总量，可使用最小分度值≤0.01g的天平，如图7-6和图7-7所示。

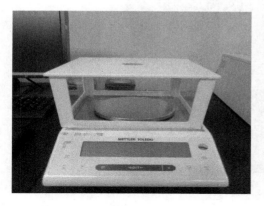

图7-6 电子天平

图7-7 机械天平

四、纤度（支数）仪

随着科技进步，纤度（支数）检验仪器也在不断更新换代。20世纪80年代主要使用旦尼尔秤（支数秤）检验纤度（支数），如图7-8和图7-9所示。20世纪90年代开始使用电子纤度（支数）检验仪，如图7-10所示。近年来，随着电子信息技术的广泛应用及软件开发的不断成熟，一些检验机构开发了纤度（支数）自动检验系统和纤度检验一体机，如图7-11和图7-12所示，纤度（支数）检验智能化程度和检验效率不断提高。

图7-8 旦尼尔秤

图7-9 支数秤

图 7-10　电子纤度仪

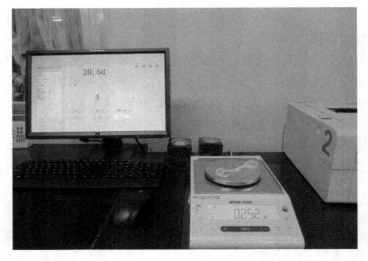

图 7-11　纤度（支数）自动检验系统

（一）旦尼尔（支数）秤

旦尼尔（支数）秤是利用杠杆平衡原理，通过特定设计，在扇形刻度盘上直接读出受测试样的旦尼尔数（支数）。其主要结构是由带有轴尖的杠杆扇形刻度盘和三脚支架组成，杠杆一端挂需称量的小绞丝试样，待杠杆平衡时，另一端指针指向刻度盘的旦尼尔数（支数），即是该小绞试样的称量值。检验员逐绞记录小绞试样的旦尼尔数（支数）。此设备随着电子信息技术的发展，已逐步淘汰，仅有个别制丝企业在厂检时使用。

图7-12　纤度检验一体机

（二）电子纤度（支数）仪

电子纤度（支数）仪（图7-10）利用电子天平原理和电子集成技术，在逐绞称量小绞后能自动记录、汇总统计和打印所检验试样结果。该设备配置了液晶显示器和微型点阵式打印机，实现了检验参数和检验值的可视化，操作简单化，减少了操作的人为误差，提高了检验效率。因此，从20世纪90年代以来，一直被制丝企业及检验机构广泛使用。

（三）纤度（支数）检验系统

纤度（支数）检验系统（图7-11）的设备配置为分度值≤0.001g的电子天平、安装有纤度（支数）检验系统软件的计算机、打印机各一台。利用丝条质量、长度与纤度（支数）的关系，将小绞丝在电子天平上称计质量后通过纤度（支数）软件系统直接换算为纤度（支数）值在计算机上显示，检验参数和检验数据可视化程度提高。每称计一绞丝都有语音提示，每称量完成一组小绞丝，数据无异常，系统才允许进入下一组的纤度（支数）称量检验，人机对话功能加强，检验准确性提高。软件系统自动计算该丝批的检验结果和等级，打印的检验结果报告中，检验参数和检验数据翔实，便于一目了然了解该批丝质量状况。

（四）全自动纤度测定仪（纤度检验一体机）

传统的纤度检验方法是先在纤度机上摇取小样长绞丝，再绞制成短的小绞丝，然后逐绞在纤度仪上称量。而纤度检验一体机（图7-12）是将纤度小绞的摇取与称量在一套检验设备上连续进行的检验方法。相对传统检验方法，一体机检验效率和智能化程度明显提高，是今后检验设备智能化的发展方向。

一体机的设备配置为电子天平（量程≥200g，最小分度值≤0.001g）五台，纤度机一台，安装纤度检验系统软件的计算机一台。在纤度机上放置五台电子天平，在天平上各放置一个受测丝锭，将丝锭上的丝条自动摇取100回到纤度机框上，摇取100回试样前后丝锭质量差值即为该受测小绞丝质量，通过检验软件系统换算为该绞试样的纤度值。用这种方式进行纤度检验，减少了挽制小绞工序，提高了检验效率，实现了纤度检验全过程自动化。

五、烘箱

由通风式烘箱和天平组成，天平分度值≤0.01g，用于将试样烘燥至恒重并称计。现行使用的烘箱主要有全自动烘箱和机械式烘箱两种，如图7-14和图7-15所示。全自动烘箱样丝干重的称计和结果报告的出具都是由连接了计算机的烘箱系统自动完成，而机械式烘箱则需要人工称计样丝干重并计算结果。

第四节　检验环境

我国现行标准规定纤度（支数）检验应在环境温度为（20±2）℃，相对湿度为（65±4）%的标准大气环境条件下进行，试样应在这样条件下的恒温恒湿室内平衡12h以上方可进行检验。有特殊要求的，可按照其他温湿度要求。丝纤维极富吸湿和放湿特性，不同温湿度环境条件下，丝纤维的回潮率不同，丝纤维单位长度质量因不同时段回潮率变化而变化，从而影响纤度（支数）检验成绩。因此，纤度（支数）检验必须在稳定的标准温湿度环境下进行，其中相对湿度对丝纤维吸湿性的影响要大于温度的影响，在检验工作中应尽可能保证湿度不能波动过大。

纤度（支数）仪应平放稳固台面上，远离振动源，避开风口，尽量避免空气流动等外界因素的干扰。

第五节　检验方法

本节主要介绍我国现行广泛使用的丝类产品标准的检验方法。我国现行丝类产品标准主要有 GB/T 1797—2008《生丝》、FZ/T 42010—2009《粗规格生丝》、

FZ/T 42005—2016《桑蚕双宫丝》、FZ/T 42009—2006《桑蚕土丝》、GB/T 14033—2016《桑蚕捻线丝》、FZ/T 42002—2010《桑蚕绢丝》、FZ/T 42006—2013《桑蚕绸丝》。

一、样品制备

（一）生丝

绞装丝取切断检验卷取的一半丝锭50只（每绞样丝2只丝锭），用纤度机卷取纤度丝，每只丝锭卷取4绞，每绞100回，共计200绞。

筒装丝取品质检验的20筒，用纤度机摇取纤度丝，其中8筒面层、6筒中层（约在250g处）、6筒内层（约在120g处），每筒卷取10绞，每绞100回，共计200绞。

如遇丝锭无法卷取时，可在已取样的丝锭中补缺，每只丝锭限补纤度丝2绞。

（二）粗规格生丝

绞装丝取切断检验卷取的50只丝锭，用纤度机摇取纤度丝，每只丝锭卷取2绞，每绞100回，共计100绞。

筒装丝取品质检验的10筒，用纤度机摇取纤度丝，其中4筒面层、3筒中层、3筒内层，每筒卷取10绞，每绞100回，共计100绞。

（三）桑蚕双宫丝、桑蚕土丝

取切断检验卷取的丝锭，用纤度机摇取纤度丝，小绞丝每绞样丝摇取5绞纤度丝，长绞丝每绞样丝摇取10绞纤度丝。筒装丝每筒样丝摇取10绞纤度丝，其中4筒从面层摇取，3筒从中层摇取，3筒从内层摇取，每绞100回，共计100绞。

（四）桑蚕捻线丝

用抽取的10绞捻线丝品质样丝制备丝锭，名义纤度100旦（111.1dtex）及以下卷绕20只丝锭，以上卷绕40只，按照表7-2规定的要求卷取纤度丝。

表7-2　桑蚕捻线丝摇取纤度丝数量及回数

名义纤度（旦）	每批纤度丝数量（绞）	每绞纤度丝回数（回）
33（36.7dtex）及以下	100	400
34~100（37.8~111.1dtex）	100	100
101~200（112.2~222.2dtex）	100	100
200（222.2dtex）以上	100	50

（五）桑蚕绢丝、桑蚕绸丝

用抽取的绞装绢（绸）丝10绞品质样丝制备20只丝锭，在缕纱测长器上摇取小绞纱，每只丝锭摇取 2 绞，每绞 100 圈，长 100m，共计 40 绞。取筒装绢（绅）丝品质样丝 10 锭，在缕纱测长仪上摇取小绞纱，每只丝锭摇取 4 绞，每绞 100 圈，长 100m，共计 40 绞。

二、测试

检验方法分为一体机法和摇绞称法两种，目前，纤度一体机法主要适用于生丝。摇绞称法小绞丝的称计仪器有旦尼尔（支数）秤、电子纤度（支数）仪、纤度（支数）检验系统。

（一）摇绞称法

将纤度机摇取的小绞样丝，用电动绞丝机或手工挽成纤度小绞丝，分批放入待验样丝容器内，放置在恒温恒湿室内平衡，等待称计。

1. 旦尼尔（支数）秤称计 校正天平、旦尼尔（支数）秤，将小绞丝逐绞挂在秤钩上称重，记录在检验工作单上。遇 0.5 旦以下的数，可进行尾数收舍，注意有收有舍，收舍平衡。每批受验小绞丝 50 绞（绢丝、绅丝 40 绞）为一组，每组分称完成后计算出"纤度总和"，然后在天平上总称每组小绞丝质量，折算为旦尼尔（支数）值，即为纤度（支数）总量，总和与总量差异超过允许差异，应逐绞复称至每组允差范围内为止。

2. 电子纤度仪称计 接通电源，按"总清"键，预热仪器至面板上光标指示停止闪动。利用光标指示设置检验号、小绞丝回数、分度值等参数。将小绞丝逐绞轻放秤盘上，稳定后液晶面板自动显示纤度（支数）值和绞数。称计完成一组后，按"打印"键打印出该组"纤度总和"，立即在天平上总称每组"纤度总量"，若总和与总量差异超过允许差异，必须复称。待一批丝称计完成后，打印出"纤度（支数）分布"和其他检验参数与检验结果。

3. 纤度（支数）检验系统称计 打开计算机中纤度检验软件系统，待界面左下角显示"注册成功"后即可开始检验操作。在基本信息栏输入检验单位、检验号等参数后保存，系统自动跳转至称计界面，在天平上逐绞称计，计算机屏幕上自动显示每绞纤度（支数）值，遇异常纤度（支数）值，系统会语音提示操作者注意，称计完成一组后，系统自动通过语音提示立即在天平上进行该组总量称计，总和与总量差异在允差内，系统自动进入下一组小绞丝的称计，若差异超过允差，则必须对该组小样逐绞重称，一批丝称计完成后，系统自动提示操作者是否打印，打印检验报告。

无论何种检验方法，纤度丝的检验精度及每组"纤度总和"与"纤度总量"的允差都应符合表 7-3 的规定。绢丝及绅丝的检验精度为 0.001g。

表 7-3　纤度丝读数精度及每组允差规定

产品类型	名义纤度（旦）	纤度读数精度	每组允差（旦）
生丝 粗规格生丝 桑蚕土丝 桑蚕双宫丝	33（36.7dtex）及以下	0.5	3.5（3.89dtex）
	34~49（37.7~54.4dtex）	0.5	7（7.78dtex）
	50~69（55.6~76.7dtex）	1.0	14（15.6dtex）
	70~79（77.8~87.8dtex）	1.0	12（13.3dtex）
	80~159（87.9~176.7dtex）	1.0	28（31.1dtex）
	160（176.8dtex）及以上	2.0	44（48.9dtex）
桑蚕捻线丝	33（36.7dtex）及以下	0.5	3.5（3.89dtex）
	34~100（37.8~111.1dtex）	1.0	7（7.78dtex）
	101~200（112.2~222.2dtex）	2.0	14（15.6dtex）
	200（222.2dtex）以上	2.0	28（31.11dtex）

（二）纤度一体机法

打开全自动纤度检验仪总开关，天平归零，取五只纤度检验丝锭分别置于天平上，将丝条按要求通过预加张力杆和感应探头搭好头，打开计算机中纤度检验软件系统，输入检验号等参数，点击"开始检验"按钮，按下一体机启动键，一体机中的纤度机卷绕了规定的小绞丝回数后自动称计，这样自动运行四次后更换丝锭，重复上述卷绕和称计直至达到规定的检验绞数，点击页面中"完成按钮"，打印或发送检验结果。

（三）烘测干量

分批将检验完毕的小绞丝松散、均匀地装入烘箱的烘篮内，烘至恒重得出干重，计算出平均公量纤度或实测支数。平均公量纤度与平均纤度差异不能超过表 7-4 允差规定，超过规定时，应核对小绞丝数量，查明原因，重新检验。烘箱的操作方法与公量检验方法相同。

表 7-4　平均公量纤度与平均纤度的允差规定

产品类型	名义纤度（旦）	允许差异（旦）
生丝 粗规格生丝 桑蚕土丝 桑蚕双宫丝	18（20.0dtex）及以下	0.5（0.56dtex）
	19~33（21.1.~36.7dtex）	0.7（0.78dtex）
	34~69（37.8.6~76.7dtex）	1.0（1.11dtex）
	70~79（77.8~87.8dtex）	2（2.2dtex）
	80~159（87.9~176.7dtex）	3（3.3dtex）
	160（176.8dtex）及以上	4（4.4dtex）

三、结果计算

不同丝类产品需要进行的纤度（支数）检验项目不尽相同，见表7-5、表7-6。

表7-5 各丝类产品纤度检验项目

项目 产品	平均纤度 （dtex）	纤度偏差 （dtex）	纤度最大偏差 （dtex）	平均公量纤度 （dtex）	纤度变异系数 （%）
生丝	√	√			
粗规格生丝	√		√	√	√
桑蚕土丝	√	√	√	√	
桑蚕双宫丝	√	√	√	√	
桑蚕捻线丝	√				√

表7-6 各丝类产品支数检验项目

项目 产品	支数（重量） 变异系数（%）	实测支数 Nm （dtex）	支数（重量） 偏差率（%）
桑蚕绢丝	√	√	
桑蚕䌷丝	√	√	√

（一）平均纤度

了解整批纤度丝的平均粗细，并作为计算纤度偏差和纤度最大偏差的依据。计算公式如式（7-13）：

$$\bar{d} = \frac{\sum_{i=1}^{N} d_i}{N} \tag{7-13}$$

式中：$\bar{d}$ ——平均纤度，旦或dtex；

d_i ——各绞纤度丝的纤度，旦或dtex；

N ——纤度丝总绞数。

（二）纤度偏差

纤度偏差反映整批各绞纤度丝偏离平均纤度的离散程度。这种纤度差异程度对织物的影响很大，织造企业很关注，该项目作为丝类产品品质检验的主要检验项目之一。计算公式如式（7-14）：

$$\sigma = \sqrt{\frac{\sum_{i=1}^{N} (d_i - \bar{d})^2}{N}} \tag{7-14}$$

式中：σ——纤度偏差，旦或 dtex；

$\bar{d}$——平均纤度，旦或 dtex；

d_i——各绞纤度丝的纤度，旦或 dtex；

N——纤度丝总绞数。

（三）纤度最大偏差

反映整批纤度丝中最细最粗纤度偏离平均纤度的情况。如果偏离值很大，说明生产过程中出现了特粗或特细的野纤度，织成织物会产生明显的经柳、纬裆等织疵，影响制品质量，织造企业非常重视这项指标，该项目也作为丝类产品品质检验的主要检验项目之一。

计算方法为在全批纤度丝中取总绞数2%的最细或最粗纤度，分别求其纤度平均值与平均纤度的差异，最大差值即为该丝批的"纤度最大偏差"。

（四）平均公量纤度

将测得的平均纤度折算为公定回潮率（11%）时的纤度称之为公量纤度。平均公量纤度只表示丝类产品所属规格，不涉及丝类产品的品质，不列为定级指标。但在贸易上对平均公量纤度极为重视，实测平均公量纤度如果超过该丝批规格的上下限纤度范围，在检验报告中应注明"纤度规格不符"，作为次品处理。计算公式如式（7-15）：

$$d_K = \frac{m_0 \times 1.11 \times L}{N \times T \times 1.125} \tag{7-15}$$

式中：d_K——平均公量纤度，旦或 dtex；

m_0——样丝的干重，g；

N——纤度丝总绞数；

T——每绞纤度丝的回数；

L——纤度单位为旦时，取值为9000，纤度单位为 dtex 时，取值为10000。

（五）纤度变异系数

整批各绞纤度丝偏离平均纤度离散程度与平均纤度的比值。是以百分比形式表示纤度不匀程度的一项考核指标，作用与纤度偏差指标相同，主要用于对桑蚕捻线丝的定级考核。计算公式如式（7-16）：

$$cv = \frac{\sqrt{\sum_{i=1}^{N}(d_i - \bar{d})^2/N}}{\bar{d}} \times 100 \tag{7-16}$$

式中：cv——纤度变异系数，%；

$\overline{d}$——平均纤度，且或 dtex；

d_i——各绞纤度丝的纤度，且或 dtex；

N——纤度丝总绞数。

（六）支数（重量）变异系数

绢（紬）丝整批受测试样支数偏离平均支数离散程度与平均支数的比值，是以百分比形式表示支数（重量）不匀程度的一项考核指标。支数（重量）变异系数成绩的好坏直接影响产品品质，是绢（紬）丝品质检验的主要检验项目之一。计算公式如式（7-17）：

$$cv = \frac{\sqrt{\sum_{i=1}^{N} (N_{mi} - \overline{N}_n)^2 / (N-1)}}{\overline{N}_n} \times 100 \tag{7-17}$$

式中：cv——支数（重量）变异系数，%；

N_{mi}——各受测试样支数，公支或 dtex；

$\overline{N}_n$——平均支数，公支或 dtex；

N——受测试样总绞数。

（七）公定实测支数

测得的绢（紬）丝小绞丝支数折算为在公定回潮率（11%）时的支数，含义与平均公量纤度相同。公定实测支数不直接作为定级指标，但参与绢（紬）丝品质检验的主要检验项目之一"断裂长度"和补助检验项目"支数（重量）偏差率"的成绩计算。计算公式如式（7-18）：

$$N_m = \frac{N \times L}{\left(1 + \dfrac{W_k}{100}\right) \times m_0} \tag{7-18}$$

式中：N_m——公定回潮率时的实测支数，公支或 dtex；

N——受测试样总绞数；

L——试样长度，m；

W_k——公定回潮率，%；

m_0——受测试样总干重，g。

（八）支数（重量）偏差率

支数（重量）偏差率是公定实测支数与名义支数的差与名义支数之比。是反映实际产品支数与设计规格的差异程度的一项指标，若公定实测支数与名义支数相差过大，则说明生产出的实物产品与工艺设计不符，生产管理存在问题。该项目作为绢（绅）丝品质检验的补助检验项目之一。计算公式如式（7-19）；

$$R = \frac{N_m - N_0}{N_0} \times 100 \tag{7-19}$$

式中：R——支数（重量）偏差率，%；

　　　N_m——公定回潮率时的实测支数，公支或 dtex；

　　　N_0——名义支数，公支或 dtex。

第六节　典型问题分析及注意事项

一、典型问题分析

在纤度（支数）检验中，应注意观察检验数据，分析检验数据异常原因，通常纤度检验数据异常原因一方面来自企业自身产品质量问题，另一方面可能是检验过程中检验人员或设备等出现差错所致。通过查找分析检验数据异常情况有利于促进企业加强产品质量管理，检验机构加强检验工作规范。在纤度检验中可能出现的质量异常问题主要有纤度（支数）混杂、双丝、纤度出格、野纤度、公量纤度与平均纤度差异超过允差规定等。

（一）纤度（支数）混杂

同一批丝内混有不同规格的丝绞。表现形式为同一批纤度（支数）丝分布出现两段及以上明显不同纤度（支数）集中分布的情况，或者一种规格的纤度（支数）丝绞分布中出现明显属于另一种规格的野纤度（支数）。

当在检验中发现纤度（支数）混杂后，首先应查找检验工作是否存在失误，查找当天同时接受检验的丝批是否有不同规格，若有，则要对相邻检验的不同规格丝批的丝绞进行排查。检查在切断检验上丝时是否有错乱，或者制取的丝锭相互错放，检查在摇取纤度丝中是否存在丝锭放错或丝绞混淆的情况，逐一排查，若发现是检验工作失误引起的纤度混杂，失误的环节，混杂丝绞的数量都要排查清楚并实施纠正措施，重新进行纤度检验或者从切断检验开始重新检验出现异常的丝批，确保检验结果准确，并防止不再出现类似检验工作质量问题。

若同时接受检验的丝批中无不同规格，且经核查检验工作不存在失误，则可能是企业生产过程中导致了纤度混杂。企业需查找原因，是否同时生产了不同规格丝批，同一规格丝批中混有多少不同规格丝片，产生混杂的生产环节，都要查找清楚，确保同批丝属于同一规格，并实施纠正措施，防止今后不再发生类似生产质量事故。

(二) 双丝

丝绞中部分丝条卷取两根及以上，长度在3m以上者。表现形式为在摇取纤度小绞时，在纤度机机框上，明显发现一个导丝圈内同时有两根及以上丝条卷绕在机框上同一绞内，或者在检验纤度小绞时出现特别明显的粗野纤度，纤度值有可能是同批其他丝绞的两倍及以上，清点该粗纤度小绞丝回数，发现回数有误。

当确证为双丝后，应在检验工作单上批注，留样待实验室相关负责人处理并反馈给企业。丝批中若还有余留双丝，应弃掉，双丝不能作为纤度检验小样。

对于双丝产生的原因分析及防止措施，可参考本书第五章第二节、第六章第七节。

(三) 纤度出格

一批丝的公量纤度超过了该批丝规格的纤度上限或下限，又称"纤度规格不符"。出现这种问题主要是企业生产中工艺设计不准确或实际生产与工艺要求开差过大所致。也不排除检验工作中出现差错，比如，同时检验有20/22旦和19/21旦丝批，在纤度检验和烘小绞干量时，检验员误将两种不同规格的丝批调换导致检验结果异常。所以，当发现纤度出格丝批需要先查找检验工作无误后，再确证为产品质量问题，并反馈给企业在生产中查找原因加以改进。

(四) 野纤度

丝批纤度分布没有出现突变，但纤度分布幅度过大，因最大偏差导致等级下降，分布中部分粗或细的纤度称之为野纤度。或者纤度分布幅度不大，但纤度分布出现突变，偏离幅度范围，这时即使对生丝等级没有影响，其突变的纤度也称为野纤度。若以纤度偏差为标准，当纤度与平均纤度之差超过纤度偏差3倍时，可认为该绞丝为野纤度。一般来说，33旦及以下生丝特粗特细纤度超过中心纤度5旦以上，相邻两小绞丝相差2.5旦及以上，视为野纤度。

野纤度对织物品质影响较大，细野纤度直接影响织造效率，织造企业希望丝批中不出现野纤度。野纤度也是制丝企业质量管理水平考核和挡车工工作质量考核的一项重要指标，制丝企业应加强生产现场绪下粒符数管理，加强纤度控制，防止野纤度产生。检验机构在发现特粗特细纤度后，应清点回数正确无误后方能确证为野纤度，捻线丝除清点回数外，还应清查股数。

(五) 公量纤度与平均纤度差异超过允差规定

平均纤度与平均公量纤度差异超过表7-3中的允差规定。出现这种情况后需清点小绞丝数量是否正确，核查烘箱、天平等设备是否出现异常。若小绞丝数量有误，需重新进行纤度检验。纤度小绞丝数量不准确，有可能是纤度小绞样在传递过程中有小绞丝不慎丢失，造成数量减少，或者是在将纤度丝放入烘篮时，烘篮内原有的小绞丝未清理干净，造成数量增加。若烘箱、天平出现问题，则须对设备修复正常后或换设备重新检验。若小绞丝数量正确且设备无误，则有可能是小绞丝回潮率差异过大所致，可把该批小绞丝放回恒温恒湿室经过充分平衡后再原样复称纤度，再次检验纤度成绩，注意观察恒温恒湿室温湿度变化。

二、注意事项

（一）摇取纤度（支数）丝注意事项

（1）摇取纤度样丝前应将计数器清零，摇满回数底面头打结前，核查计数器显示回数，确保回数准确。

（2）摇取中途发生切断、废丝卷入等影响试样长度者，必须剪去重摇。

（3）发现双丝，经管理人员确认后，在检验单上注明，另行补摇。

（4）发现特粗、特细小绞丝应清查回数，回数错误者必须补摇调换，必要时整批重摇，同时检查产生回数错误原因。

（5）每批丝锭应注意平均摇取，保证小绞数量和取样的代表性。

（二）称计纤度（支数）丝注意事项

（1）用旦尼尔秤称计小绞丝时，视线应与旦尼尔秤指针摆幅中心位置平行，注意均衡舍取。

（2）采用生丝电子纤度仪称计小绞，应注意预热仪器至面板上光标指示停止闪动。触摸"总清"键，利用光标移动设定回数、级距等称计参数。采用纤度检验系统或一体机时，注意设备与软件系统成功连接后方可进行检验。

（3）称计小绞时应轻拿轻放避免小绞丝碰挂秤盘（钩），称计过程中发现特粗特细丝绞核查回数无误后再继续下一丝绞称计。

（4）一体机法若一次卷绕完成后控制面板计数未到100回，而丝条并未断裂，可能是感应探头不灵敏造成回数漏记，则按相应控制面板键补够回数即可。

（三）烘验小绞丝注意事项

烘验小绞丝时，应将小丝松散均匀装入空的烘篮内，以达到干燥均匀。发现平均纤度与平均公量纤度差异悬殊，应清点小绞数量，是否遗漏或多放，核查烘箱天平及烘篮，查明原因，防止差错。

（四）检验结果异常情况处理

（1）一批试样中纤度（支数）分布异常，特粗特细纤度（支数）连续集中在一端，应清查回数，核查有无纤度（支数）混杂情况，并在工作单上注明。

（2）一批试样中有任何野纤度都应清查回数，回数确定无误后在工作单上注明并留样备查。

（3）纤度检验中，发现检验等级与报检等级差异大等任何质量异常情况都应报告相关负责人现场确认处理并留样。

参考文献

［1］国家进出口商品检验局.生丝检验［M］.天津：天津科学技术出版社，1985.

［2］苏州丝绸工学院，浙江丝绸工学院.制丝学［M］.北京：纺织工业出版社，1982.

［3］陈文兴，傅雅琴，江文斌.蚕丝加工工程［M］.北京：中国纺织出版社，2013.

［4］真砂义郎，等.丝织物对生丝质量的要求［M］.杨爱红，白伦，译.北京：纺织工业出版社，1985.

［5］白伦.制丝工程管理基础.苏州丝绸工学院印刷.

［6］胡柞忠.茧丝检验［M］.北京：中国农业科学技术出版社，2013.

［7］许惠儿，张祖尧，陈和榜，等.线密度及其量和单位的规范使用［J］.纺织学报，2009，30（8），69-72.

［8］董炳荣.绢纺织［M］.北京：纺织工业出版社，1991.

［9］全国纺织品标准化技术委员会基础标准分技术委员国家质量监督检验检疫总局.纺织服装检验检测技术［M］.北京：北京出版集团公司北京出版社，2012.

第八章　均匀检验

第一节　检验目的

均匀检验亦称条斑检验，是以一定长度的丝条，按规定排列线数摇取在黑板上，在特制的灯光设备下用目力评定其粗细变化及丝条的透明度、圆整度等组织形态所发生的差异程度。根据其程度分为一、二、三度变化。

均匀变化与织物有密切关系。丝条各部分粗细变化越少，则织物组织形态越平整均匀；如均匀度较差，则造成织物表面不平整，薄厚不均匀，吸色亦不均匀等缺点，影响织物使用价值，特别用于轻薄织物或针织品影响更大。均匀检验是生丝评级主要检验项目之一。

形成生丝均匀变化的主要原因是原料茧的特性、工艺设计、缫丝时定粒不准、配茧不当、短鞘等不良操作，以及设备条件不完善等。

第二节　检验原理

一、检验原理

（一）均匀检验（目光检验）

以一定长度的丝条连续排列于无光的黑板上，由于丝条有各种规格以及同种规格丝条本身的粗细变化，在板面上产生覆盖面积的差异。丝条粗，直径大，覆盖在黑板上的面积大；反之，丝条细，直径小，覆盖的面积亦小；此外，丝条的组织形态、扁圆程度的差异也影响丝条在黑板上所占的面积。检验的要求是利用丝条覆盖在黑板上的面积，在特制的灯光检验室内，通过丝条的透光反射作用，以目力观察，清晰辨别丝条的粗细变化程度及其组织形态的差异。

各种规格的生丝，如在同一面积内摇取同一线数，由于纤度粗的丝所占面积大于纤度细的丝，通过透光反射，反映在板面上，丝条粗的呈白色，丝条细的呈暗灰色。因此，粗细不一的丝，在板面上必然会形成浓淡不一的基准浓度，而标准照片是以一种规格的丝，制造出一种基准浓度与几种变化，适用于各种规格生丝的均匀检验。因此，根据不同规格丝条的直径，调节每 25.4mm（1 英寸）所摇取的不同线数，使丝条覆盖在黑板上的面积与板面的百分比基本一致，达到各种规格生丝的基准浓度一致。均匀检验就是利用丝条被覆度原理，在基准浓度基本相同的条件下检验丝条的粗细变化。

（二）电子传感器检验

电子传感器检验设备由检验器、控制器、疵点指示器等部分组成。检验器是仪器的探感部分，装有电容测量头，利用电容测试原理测定材料每单位长度的重量变化。丝条通过电容测量头时，由于丝条横截面的差异，引起电容量的变化产生电信号，其与丝条横截面的变化成正比，采取适当放大检波、积分计算可显示出生丝不匀率。疵点指示器能把生丝清洁中的长疵、短疵和洁净成绩进行计数显示。疵点计数和均匀度测试同时进行，不需要附加试样。电子传感器检验如绢丝的条干均匀度检验一般使用乌斯特仪，本书后面的章节将做介绍，在此不详细展开。

二、均匀检验与纤度检验的关系

均匀检验与纤度检验，均以一定长度的生丝检定其粗细差异程度。纤度检验是以一定长度的生丝，称计重量，计算出平均纤度与各纤度小丝对其均数的离散程度。在定长的范围内，粗细不一致的丝段，有上下互相平行的机会，而对丝条组织形态的差异无从了解。均匀检验是利用光学上透光反射作用，观察丝条连续性的粗细变化和组织形态扁圆的差异情况。在黑板上只要有 4~6m 长的变化即可清楚辨别，因此，均匀检验所了解到的一定长度内丝条变化情况比纤度检验更加细致，所以，织造厂非常重视均匀成绩。但其对全批普遍偏粗偏细等情况，无法确切了解，而纤度检验则易发现，故纤度成绩对织绸规格和质量同样具有十分重要的作用。因此，两者互相结合，就能更加全面地了解生丝的内在质量。

纤度变化是构成均匀变化的主要因素，因此，在正常情况下，用适当幅度的纤度差，通过称重，也可作为变化程度的参考。过去标准照片为 ν_1、ν_2、ν_3，一般 ν_1 的纤度变化在 4 旦左右，ν_2 的纤度变化在 8 旦左右，ν_3 的纤度变化在 12 旦左右。

第三节　检验设备

一、黑板机

卷绕速度为 100r/min 左右，能调节排列线数，如图 8-1 所示。

二、黑板

用黑色无光胶布蒙于木框上制成。板面平整，布色纯黑，匀净无斑纹。长

图 8-1 黑板机

1359mm，宽 463mm，厚 37mm（包括木边厚度，即一周圈为 1m），两边的铁边（或者木边）必须平直光滑，达到丝条排列均匀整齐。

三、标准样照

（一）现行标准样照

现行均匀变化标准样照一套共三张。检验时放置于被检验的黑板下面，便于对照检验，如图 8-2 所示。

图 8-2 均匀度标准样照

1. 均匀一度变化　丝条均匀变化程度超过标准样照 ν_0，不超过 ν_1 者。

2. 均匀二度变化　丝条均匀变化程度超过标准样照 ν_1，不超过 ν_2 者。

3. 均匀三度变化　丝条均匀变化程度超过标准样照 ν_2 者。

（二）评分法标准样照

评分法使用的标准照片一套四种，与变化种类对应见表 8-1。

表 8-1　均匀变化种类与标准照片对应表

种类	相当于标准照片变化程度
变化 0（ν_0）	100 分的变化程度
变化 1（ν_1）	80 分中左面一条细变化
变化 2（ν_2）	60 分中右面一条最狭变化
变化 3（ν_3）	10 分中最右面一条粗变化

均匀变化评分标准照片一套共 8 种：100 分、90 分、80 分、70 分、60 分、50 分、30 分及 10 分。

四、检验室

生丝的清洁、洁净检验均是在黑板暗室（图 8-3）里进行的。暗室结构和灯光配置按 FZ/T 40008—2016《蚕丝黑板检验用暗室技术要求》执行，要求光源均匀柔和地照到黑板的平均照度为 400lx，黑板上、下端与轴中心线的照度允差为 ±150lx，黑板左右两端的照度基本一致。

图 8-3　黑板暗室

注意：生丝的清洁检验、洁净检验、均匀度检验是在同一检验室（即黑板暗室）内，采用同一受验样丝黑板进行检验。清洁、洁净检验时开启横式回光灯，均匀度检验时开启竖式回光灯。

第四节　检验方法

一、样品制备
（一）摇取黑板

（1）根据受验生丝的规格，按照不同规格生丝在黑板上的排列线数规定（表8-2）调整黑板机的档位。

表8-2　黑板丝条排列线数规定

名义纤度（旦）	每25.4mm的线数
9（10.0dtex）及以下	133
10~12（11.1~13.3dtex）	114
13~16（14.4~17.8dtex）	100
17~26（18.9~28.9dtex）	80
27~36（33.0~40.0dtex）	66
37~48（41.1~53.3dtex）	57
49~59（54.5~76.7dtex）	50

（2）用黑板机卷取黑板丝片，正常情况下卷绕张力约为10g。

①绞装丝。取切断卷取的另50只丝锭，每只丝锭卷取2片。

②筒装丝。取品质检验用试样20筒，其中8筒面层、6筒中层（约在250g处）、6筒内层（约在120g处），每筒卷取5片。

每批丝共卷取100片，每块黑板10片，每片宽127mm，共计10块黑板。

（二）摇取黑板的注意事项

（1）检查黑板及绒轧，要求洁净、无屑丝、无尘、防止废丝卷入，影响检验。

（2）对准移丝钩座板的起点，使丝片宽度符合要求。检查移丝瓷钩螺丝有无松动，以免影响丝条排列。

（3）丝条通过绒轧后必须再绕磁柱经导丝器摇上黑板，以保持适当张力。弹簧绒轧不能随意放松。

（4）防止移丝钩座板的传动螺母啮合不紧，或因彼此之间牙距不符发生中途跳线或叠线。

（5）如遇丝锭无法卷取时，可在已取样的丝锭中补缺，每只丝锭限补1片。

（6）黑板卷绕过程中，如因糙疵而致切断时，应对其糙疵作判断后计入清洁疵点扣分，且重新摇取黑板。

（7）注意丝条排列线数是否正常、撑牙器每次撑开数是否一致。

（8）中途断头，把丝头拉开，待该块黑板摇毕，再减去补摇。

（9）注意黑板室温湿度管理，防止丝条过干，摇取时产生静电，影响丝条排列。

（10）发现全批10只及以上的丝锭由于丝条脆弱不能通过正常的检验操作摇取时，需在工作单上注明"丝条脆弱"，并终止匀度检验。

（11）发现双丝，即停止卷绕，将双丝倒出，剪去该片丝，补摇检验，并在原始记录单上注明情况。

二、检验方法

（一）检验步骤

（1）开稳压器稳定光源，调好检验室灯光角度，使黑板丝片两边与中间照度基本接近。正常情况下，调节好位置之后就不必再动，定期检定即可。

（2）将卷取的黑板放置在黑板架上，黑板垂直于地面，检验员位于距黑板2.1m处，目光与黑板中心保持水平。

（3）核对工作单与黑板标签编号是否一致。

（4）检查丝条排列是否整齐，如发现有规律性的变化斑，及时检查黑板机，重新摇取黑板进行检验。

（5）全面观察整块黑板，准确选择基准，对照标准样照，逐片评定。

（二）计条数法

计条数法是记录摇取的黑板中均匀变化的条数，按分级标准规定参与评级。我国现行标准中以计条数法为检验方法。计条数法基准的确定与几种变化的评定如下。

（1）确定基准浓度，以整块黑板大多数丝片的浓度为基准浓度。

（2）无基准浓度的丝片，可选择接近基本部分作为该片基准，如变化程度相等时，可按其幅度宽作为该片基准，上述基准与整块基准对照，程度超过 ν_1 样照，该基准按其变化程度做1条记录，其变化部分应与整块基准比较评定。

（3）丝片匀粗匀细，在超过 ν_1 样照时，按其变化程度做1条记录。

（4）丝片逐渐变化，按其最大变化程度做1条记录。

（5）每条变化宽度超过20mm以上者做2条记录。

（6）丝片内粗细变化左右相邻时，其变化程度都应与基准对比，不应以两者之间的差异程度对比。

（7）辨别变化时，须注意整改丝片的上中下连通一致，防止将黑板边不平直等原因造成的情况误为变化。

（8）发现特别狭窄的条斑，需注意检查，防止将特大糙结误判为粗变化，或将排列脱节误判为细变化。对黑板两侧的条斑变化要仔细进行对比，以免遗漏。

（9）如遇同批各块黑板间均匀变化相差过大，应查明原因，防止批次错乱。

（三）评分法

评分法是根据均匀变化评分的三个因素：变化深浅程度、变化宽度、变化条数对照均匀变化标准样照（包括变化程度标准样照和评分标准样照两种）进行检验，并以百分数来表示检验结果，与现行检验标准用各类深浅变化的条数来表示检验结果不同。此方法目前已不使用。

均匀变化评分法检验设备除标准样照不同外，其余设备和现行检验标准的规定相同。

评分法检验方法为：黑板卷取样品及排列线数、检验员检验位置、视线及检验时选择基准浓度的原则均与条斑记数法相同。根据每个丝片内所存在的变化条数、变化程度、变化宽度来对照标准样照来评定分数。

不论使用何种方法进行匀度检验，检验人员工作一定时间后，应注意适当休息，消除视力疲劳，避免因精力不集中或目力减弱而影响检验。建议多个检验人员之间应经常校对目光，统一尺度、减小差异。匀度检验时不应受外界干扰，遇到变化或复杂变化，应仔细分析评定，必要时可汇集多个检验员，共同研究评定。

三、计算方法

（一）计条数法

将原始记录单上记录的全批均匀变化条数，按变化一至三度分别求其总和，即为均匀检验结果。

（二）评分法

评分范围最高为 100 分，最低为 10 分，其中 50 分以上者每 5 分为 1 格；50 分以下者每 10 分为 1 格，评分在 80 分以上的丝片，其基准浓度比整块基准浓度相差在 $\nu_{1\frac{1}{2}}$ 以上不到 ν_2 的应加扣 5 分，ν_2 以上的扣 10 分。逐渐变化，按其最深部分作为变化的程度，宽度按其总宽度折半计算（表 8-3）。

表 8-3　均匀扣分表

变化宽度 ＼ 均匀变化程度	$\nu_{\frac{1}{2}}$	ν_1	$\nu_{1\frac{1}{2}}$	ν_2	$\nu_{2\frac{1}{2}}$	ν_3
4mm 及以下	3	5	7	10	15	20
12mm 及以下	5	10	12	15	20	25
25mm 及以下	7	15	17	20	25	30
25mm 及以上	10	20	22	25	30	35

注　ν_0 与 ν_1 间的变化为 $\nu_{\frac{1}{2}}$，超过 ν_1 不到 ν_2 为 $\nu_{1\frac{1}{2}}$，超过 ν_2 不到 ν_3 为 $\nu_{2\frac{1}{2}}$。

（1）扣分总数在 30 分以下者。

$$均匀分数 = 100 - 扣分总数。$$

（2）扣分总数在 30 分以上者。

$$均匀分数 = 100 - \left(30 + \frac{扣分总数 - 30}{2}\right)$$

以上计算尾数不足 5 分或 10 分时，分别按接近分数调整。

将全批各片的均匀分数相加以总片数除之，即为该批的平均分数。取 1/4 最低均匀丝片的分数进行平均得到的平均分数，即为最低均匀分数。

参考文献

［1］国家进出口商品检验局.生丝检验［M］.天津：天津科学技术出版社，1985.

［2］孙先知.生丝质量［M］.成都：四川科学技术出版社，1983.

第九章　生丝清洁、洁净检验

第一节　检验目的

生丝的清洁、洁净是指生丝条干上的糙疵颣节。清洁是指生丝条干上的大、中型糙疵颣节；洁净是指生丝条干上的小型糙疵颣节。

生丝的清洁、洁净检验，是检验一定长度的生丝条干上糙疵颣节的种类和糙疵的形状大小、数量多少以及分布情况等。其中，清洁检验是检验一定长度的生丝条干上大、中型糙疵颣节的种类和数量；洁净检验是检验一定长度的生丝条干上小型糙疵颣节的形状大小、数量多少和分布情况。

生丝的清洁、洁净优劣，影响生丝的质量等级，客观真实地反映了生丝的质量。生丝的清洁、洁净对织造工艺的生产过程和丝织产品的质量都有很大的影响。如果生丝的清洁不好，表明生丝条干上大、中型糙疵较多，对后道的生产产生不良影响。丝条干糙疵多，导致捻线丝生产中络丝、并丝、捻丝等工序中断头增加、工作效率降低，屑丝消耗还会增多；织造过程中若是用作经线，会增加提花疵点，而若是用作纬线，也会产生糙纬；织成织物后，织物表面由于糙结产生突起，容易起毛、发皱、产生毛茸，不仅使其失去应有的平滑感和光泽，还会影响织物的美观和坚牢度；织成的织物因表面糙结使其在染色时不易均匀而呈现斑点，有损织物的外观，降低丝织产品的质量和使用价值。同样，如果生丝的洁净不好，表明生丝条干上小型糙疵较多，小颣多的生丝通常抱合也不好。生丝小颣多，在丝织过程中机械不断摩擦，生丝条干容易发毛、分裂或切断，必将会增加原料消耗，增加劳动成本；织成的织物很容易产生毛茸，减少使用寿命；织成的织物染色不易均匀，有损光泽和美观，降低丝织产品的质量和使用价值。因此，生丝的清洁、洁净检验一直被列为生丝品质检验的主要检验项目。生丝的清洁、洁净成绩在生丝的质量定级中发挥重要的作用。

生丝清洁、洁净检验不仅反映出生丝的质量，也能反映出制丝原料蚕茧的质量，同时还能反映出制丝的生产过程中存在的问题。可见，生丝的清洁、洁净检验不仅决定了生丝的质量等级，还能为制丝生产企业在生产管理中以及技术革新中提供参考和帮助。

第二节　检验原理

　　生丝的清洁、洁净检验就是将一定长度的生丝，按照规定的排列线数摇取在黑板上，在特定的检验室（即黑板暗室）内，检验员依据现行生丝检验标准，对照标准样照，用目力评定生丝条干上糙疵额节的种类以及类型大小、数量多少、分布情况的过程。清洁检验主要是评定生丝条干上清洁疵点的种类和数量；洁净检验主要是评定生丝条干上洁净疵点的形状大小、数量多少以及分布情况。

第三节　疵点

一、清洁疵点

（一）清洁疵点种类

清洁疵点种类主要分为主要疵点、次要疵点和普通疵点。

1. 主要疵点（特大糙疵）　是指长度或直径超过次要疵点的最低限度 10 倍以上者。

2. 次要疵点　主要分为废丝、大糙、黏附糙、大长结、重螺旋等，其特点如下。

（1）废丝。附于丝条上的松散丝团。

（2）大糙。丝条部分膨大，长度达 7mm 以上或长度稍短而特别膨大者。

（3）黏附糙。茧丝折转，黏附丝条部分变粗呈锥形者。

（4）大长结。结端长，长度达 10mm 以上或长度稍短而结法拙劣者。

（5）重螺旋。有一根或数根茧丝松弛缠绕于丝条周围，形成膨大螺旋形，长度达 100mm 左右，其直径超过丝条本身一倍以上者。

3. 普通疵点　主要分为小糙、长结、螺旋、环、裂丝等，其特点如下。

（1）小糙。丝条部分膨大，长度达 2~7mm，或 2mm 以下而特别膨大者。

（2）长结。结端稍长，长度达 4~10mm 者。

（3）螺旋。有一根或数根茧丝松弛缠绕于丝条周围形成螺旋形，长度达 100mm 左右，其直径未超过丝条本身一倍者。

（4）环。环形的圈子，长度达 20mm 以上者。

（5）裂丝。丝条分裂，长度达 20mm 以上者。

（二）清洁疵点产生原因

1. 糙类疵点（特大糙、大糙、黏附糙、小糙）的产生原因　主要有以下三个方面的原因。

（1）煮茧过熟或斑煮。使茧层崩溃成绵条状或茧丝胶着不均匀，互相牵连而成糙类。

（2）理绪不清。集绪器孔径过大而失控。

（3）缫丝操作不当，断绪切端过长或除颣捻添未接结，使茧丝折转黏附在丝条上。

2.废丝的产生原因　原因可能是煮茧过熟，索绪汤温过高；也可能是理绪不清，添绪的切端有屑丝缠绕；还可能是缫丝时有一根茧丝同时被几根茧丝缠绕在丝条上或有邻绪的茧丝牵连一起。

3.螺旋类的产生原因　原因是缫丝时添捯等操作不当，将断绪拉得过长过紧，造成茧丝间张力不同，部分松弛的茧丝缠绕在丝条周围，使丝条抱合松紧不一。

4.环类的产生原因　主要是茧层的茧丝间胶着力不匀，胶着层深浅不一，缫丝张力不足，茧丝不能顺序离解；还可能是煮茧时，茧层未能充分渗透，内、中、外层没有均匀煮熟。

5.裂丝产生的原因　裂丝产生的原因有多种，主要包括以下几项。

（1）生丝抱合不良，部分分裂的丝纤维，未能黏合在丝条内。

（2）缫丝设备的零件有损坏或不光滑，丝条通过时被摩擦成裂丝。

（3）小篾丝片干燥不及时，丝条互相胶着，离解时易产生裂丝。

（4）除颣操作不良，因剥颣而造成部分丝条分裂。

6.结类的产生原因　原因主要是由于断绪接结不良，咬结过长或未咬结而形成的。

二、洁净疵点

（一）洁净疵点种类

洁净疵点主要有雪糙、环颣、毛发、短结、轻螺旋、小粒等。

1.雪糙（又称微粒）　雪糙是丝条上附着的细小糙疵，长度在2mm以下者。

2.环颣（又称小圈）　环颣是组成丝条的一根或数根茧丝过长，屈曲而形成的微细小圈，长度在20mm以下者。

3.毛发　毛发又称毛茸或蝇脚，丝条上一部分茧丝断裂，与主干分离竖起成羽毛状，长度在20mm以下者。

4.短结　短结是结端长度在2mm以下者。

5.轻螺旋　轻螺旋指丝条上有轻微的螺旋形。

6.小粒　小粒又称小糠，丝条上附着的小粒，形如糠秕。

7.其他　包括不属于清洁范围的各种小型糙疵。

（二）洁净疵点类型

洁净疵点类型主要是按疵点的形状大小进行分类，一共分为一类型、二类型和三类型这三类。

（1）一类型。形状类似洁净标准样照 100 分丝片的糙疵，其形状较小。

（2）二类型。形状类似洁净标准样照 80 分丝片的糙疵，其形状较一类型稍大。

（3）三类型。形状类似洁净标准样照 50 分丝片的糙疵，其形状较二类型大。

（三）洁净疵点产生原因

洁净疵点的产生与原料、缫丝各环节的管理与控制都有密切关系。制作生丝的蚕茧品种不优良、茧季节不佳、茧质不好、茧形不利于缫丝等都会增加生丝小额；烘茧处理不当，蚕茧烘老、烘嫩或老嫩不匀都会增加生丝小额；煮茧不适，煮茧偏生或煮茧过熟都会造成茧丝不能顺序离解，增加生丝环额；缫丝加工处理不当，如缫丝汤温偏高、久索久憩、煮熟茧堆置过久、没有先理先缫，则茧丝上的环额不能顺序离解而被带上丝条，使生丝小额增加；缫丝设备不良，如磁眼孔或丝通道不光洁，摩擦造成生丝小额增加；小篾干燥程度不合要求、口结不合要求也会增加小额。

第四节　检验设备

一、黑板机

与生丝均匀检验的黑板机相同，具体参见第八章。

二、黑板

与生丝均匀检验的黑板相同，具体参见第八章。

三、标准物质

清洁标准样照一套，标明有主要疵点、次要疵点、普通疵点的形状及大小。洁净标准样照一套，根据疵点个数、类型大小及分布状态而制成，共分为 100 分、90 分、80 分、70 分、60 分、50 分、30 分、10 分八种。

第五节　检验环境

生丝的清洁、洁净检验均是在黑板暗室里进行的。暗室的要求参见第八章。黑板上方安装横式回光光源，光源均匀柔和地照到黑板的平均照度为 400lx，黑板上、下端与轴中心线的照度允差为±150lx，黑板左右两端的照度基本一致。

第六节　检验方法

一、样品制备

生丝清洁、洁净检验一般都是和生丝均匀检验一起完成，使用的黑板丝片就是生丝均匀检验的黑板丝片，不需要单独制作黑板丝片。如果只对生丝进行清洁、洁净检验，才需要单独制作样品，具体的制样方法参见第八章。

二、检验

（一）清洁检验

将受验黑板丝片逐块放置在检验室的黑板架上，开启光源，检验员位置距离黑板约0.5m处进行检验。将整块黑板的两面逐片检查，对照清洁标准样照，分辨清洁疵点的类型，逐片记录疵点类型与数量。清洁标准样照所示的各类疵点都属起点，遇废丝或黏附糙未达到标准照片限度时，作小糙一个计。遇到形态不明确的疵点，可适当拨动丝片，切勿拉扯，以免改变其原有形态。遇到跨边的疵点，应以整个疵点扣分，按疵点分类，作一个计。遇到模棱两可的糙疵，以其比较相似的一类疵点计。遇到有几个若接若离的糙疵连接在一起，合并长度在次要疵点的十倍以上者，作一个主要疵点计，不到十倍者，作一个次要疵点计。遇到有几个小糙连接在一起，作一个大糙计。同批样丝黑板间清洁疵点相差过大时，应详加分析，查明原因，正确处理。检验员之间，应经常定期校对目光，防止目光差异。

（二）洁净检验

将受验样丝黑板丝片逐块放置在检验室的黑板架上，开启光源，选择黑板任一面，黑板垂直地面向内倾斜约5°，检验员位置距离黑板约0.5m进行检验。逐一观察丝片，根据洁净疵点的形状大小、数量多少、分布情况，按洁净评分规定对照洁净标准样照逐片评分。洁净评分最高为100分，最低为10分。在50分以上者，每5分为1个评分单位；50分以下者，每10分为1个评分单位。遇丝片小额的形状、数量、分布状态无法比照标准照片评分时，采用分解评分法。即对构成小额的形状、大小，属于何种类型，结合存在的数量给以评分。然后，再根据小额的密集程度加以扣分，其扣分后的得分，即为该丝片的洁净得分。发现同批黑板样丝之间洁净成绩差异较大时，应详加分析，正确处理。检验员之间，应经常定期校对目光，防止目光差异。

三、结果计算

清洁检验中，主要疵点每个扣1分，次要疵点每个扣0.4分，普通疵点每个扣0.1分。以100分减去各类清洁疵点扣分的总和，即为该批丝的清洁成绩，以分表示。

洁净检验中，将一批样丝的每一小丝片的洁净分数相加之和除以总的检验片数，计算出该批丝的洁净平均值，即为该批丝的洁净成绩，以分表示。

第七节　典型问题分析

一、脆弱丝

脆弱丝是指在黑板卷绕过程中，出现有10只及以上丝锭不能正常卷曲者，即出现有20%及以上丝锭不能正常卷曲者，则判定为"丝条脆弱"，这样的丝称作脆弱丝，又称霉脆丝。脆弱丝主要是由于蚕茧或生丝因干燥不足、回潮率过高、储藏保管不善等引起霉变所造成的。霉菌寄生繁殖，以丝胶为营养，腐蚀丝胶。根据霉变程度，可分为两种情况。一种情况是霉菌已严重破坏了丝胶和丝素，使其失去原有光泽、变色、强力小、韧性差，丝条无法正常摇取到黑板上而出现丝条脆弱。这种脆弱丝，由于丝胶、丝素均遭受破坏，其强力很小、韧性很差、机织困难，印染困难，难以用于织造。所以，这种霉脆丝的使用价值极低。另一种情况是霉菌腐蚀丝胶使其变性，但丝素未遭到破坏，丝条表面不光滑，使其卷绕张力增大而造成脆弱丝。这是因为霉菌寄生繁殖时腐蚀丝胶，在茧丝表面形成高低凹凸不平，使丝条表面附着大小不等的丝胶颗粒，或使丝条不直，形成螺旋状深沟痕。由于丝条表面不光滑，当丝条通过绒轧、绕过瓷柱时，摩擦阻力很大，使卷绕张力增大，超过生丝的切断强力而无法正常摇取到黑板上。这种脆弱丝因丝胶已腐蚀变性，会严重影响生丝的机织、脱胶、染色等工艺过程和产品质量，所以，其使用价值也很低。

我国现行的生丝检验标准规定，在黑板卷绕过程中出现丝条脆弱，经确认判定为脆弱丝时，要立即终止均匀、清洁、洁净检验，一律将其定为级外品，并在检验报告上注明"丝条脆弱"。

在黑板卷绕过程中出现丝条脆弱时，要仔细分析、认真判断，要防止误判。第一，仔细检查磁钩、磁柱是否有破损，如果磁钩、磁柱有破损，则立即更换；第二，认真检查绒轧是否过紧，若是绒轧过紧，则适当调松；第三，检查黑板边框是否光滑，如果黑板边框不光滑，则更换黑板再摇；第四，检查黑板机线数档位是否正确，若是档位不正确，则调准线数档位；第五，检查样丝丝锭，将丝锭再次平衡，待样丝丝锭平衡充分后，重新摇取黑板。经过以上分析处理后，重新摇取黑板。如果能正常顺利卷绕，则可判定不是脆弱丝；如果仍有 10 只及以上的丝锭不能正常卷曲，则判定为脆弱丝。

要杜绝脆弱丝的发生，在生产、存储方面应重点关注以下几个方面。第一，保证蚕茧品质。采茧适时，不收购毛脚茧，防止霉茧混入；烘茧适干，不要嫩烘；出现嫩烘茧和受潮茧则及时风干，或低温复烘，或提前缫丝。第二，严控蚕茧储存环境。加强茧库的温湿度管理，勤于翻包，注意通风，避免蚕茧受潮发霉；蚕茧储存量不宜太多，防止霉变，勤于检查。第三，适当并庄。剔除能识别的霉茧，无法识别的内霉茧庄口可与正常茧庄口并庄混缫，且将内霉茧率控制在 5% 以内。第四，合理缫丝。采用轻渗透、低温煮茧，较高汤温缫丝，使被蚀丝胶基本保持高低沟壑原态。第五，加强温湿度管理。小籰丝片给湿剂中可注入柔软剂或皂片助剂，浓度控制在 2‰~4‰；大籰丝片回潮率通常保持在 8%~9%；成包丝片回潮率通常保持在 10.5%~11.5%；成绞前的丝片回潮率不超过 13%；丝片回潮率超过 13% 时，应进行干燥处理。第六，正确储存。丝片应按顺序成包、成件、成批，防止积压；成件成批丝入库储存的温湿度要符合标准；丝库应通风干燥，堆放的丝包、丝件应四周通风，勤于翻动，定期检查。第七，确保运输。运输途中，注意避免丝包受潮。

二、拉白丝

拉白丝是指在进行黑板检验时，样丝黑板的丝片呈现出表面泛白色、无光泽、无弹性、无韧性的丝。

拉白丝是由丝条被过度拉伸后所形成的，是生丝因被过度拉伸而失去了固有性质的一种状态。由于丝条被过度拉伸，造成丝胶、丝素形态上发生了改变，使生丝失去了原有的光泽，表面泛白色，丝条无弹性、无韧性，也容易断裂。拉白丝是因生丝的物理性质发生改变而引起的生丝受损。

检验时发现拉白丝，第一，检查样丝丝锭是否正常，可将丝锭再进行平衡后重新摇取样丝；第二，检查黑板机的磁钩、磁柱是否有破损，更换破损的瓷钩瓷柱；第三，检查黑板机的绒夹是否过紧，绒面是否有损伤，适当调整绒轧或更换绒轧；第四，检查黑板机线数档位是否正确，若是档位不正确，则调整黑板机线数档位。

参考文献

［1］ 国家进出口商品检验局.生丝检验 ［M］.天津：天津科学技术出版社，1985.

［2］ 苏州丝绸工学院，浙江丝绸工学院.制丝化学 ［M］.2 版.北京：纺织工业出版社，1992.

［3］.孙先知.生丝质量 ［M］.成都：四川科学技术出版社，1983.

［4］ 成都纺织工业学校.制丝工艺学 ［M］.北京：纺织工业出版社，1993.

第十章　绢丝洁净度、千米疵点检验

第一节　检验目的

　　绢丝的洁净度、千米疵点是绢丝检验中非常重要的质量控制指标，主要反映绢丝丝条上疵点的大小、数量、严重程度以及毛茸的长短与整齐程度。绢丝清洁度与千米疵点的成绩将直接对织物的表面性能产生影响。洁净度与千米疵点指标不好，制成的织物染色不均、坚牢度差、表面不平整、影响光泽与美观。在目前我国的绢丝标准中，将洁净度、千米疵点检验列为绢丝品质检验的主要检验项目之一。

　　绢丝的洁净度优劣主要与绢丝原料、生产中精练、前纺、精纺、烧毛等环节控制均有一定关系。以茧类、丝吐类为原料制作的绢丝洁净度较好，滞头、茧衣为原料的绢丝洁净度较差；在精练时，精练干片过熟、生熟不匀、洗涤不清等情况均会导致洁净度不理想；在前纺过程中，罗拉皮辊不光洁、针板等有毛刺、绵纤维排列不均匀和不整齐等会造成洁净度不良；精纺时，卷绕张力不稳定、工艺参数设置不正确等同样会导致洁净度不良；烧毛是重要的改善洁净度的环节，烧毛控制的好坏，直接影响最终产品的洁净度成绩；此外，生产环境对洁净度也有一定影响，环境过于干燥会使纤维松散、飞花多，过于潮湿，则会增加糙疵。

　　绢丝的千米疵点成绩主要与绢丝原料、加工方式、生产中的精练、前纺、精纺、整理等全过程控制有密切关系。茧类、丝吐等长纤维原料，减少了短纤维存在比例，使纤维容易整齐排列，疵点较少；圆梳制绵较精梳制绵加工棉结少，千米疵点成绩更好；精练时，避免残胶率过高、脱胶不匀，适当控制汤温与 pH 等，均能减少糙疵；前纺和精纺时加强梳理、控制机速、电子清纱、空气捻结等均有助于提高千米疵点成绩；生产环境对千米疵点的成绩有直接影响，湿度过高或过低均会造成疵点增多。

第二节　检验原理

　　绢丝的洁净度与千米疵点检验类似于生丝清洁、洁净检验，主要是在暗室环境中检验一定长度的绢丝丝条上糙疵的分布、大小、种类、数量。洁净度重点检验丝片上较小的糙疵（毛茸、白点等）；千米疵点重点检验丝片上各类较大的糙疵额节及其种类、数量。绢丝洁净度是通过百分数来进行评判，千米疵点是通过疵点数量来进行评判。

第三节　疵点介绍

绢丝千米疵点检验中共有 12 类疵点，其中大疵点 4 类，分别是大糙、杂质夹入、大螺旋和长结；小疵点 8 类分别是中糙、捻头不良、整理不良、粒糙、短结、杂质夹入和小螺旋、毛头突出。

1. 大糙、中糙、粒糙　丝条上形成的粗节。大糙直径超过正常丝条的 3 倍，长度在 20mm 以上；或者直径特别庞大且长度在 5mm 以上。中糙直径未超过正常丝条的 3 倍，长度大于 10mm；或者直径未超过正常丝条的 3 倍，长度为 5～20mm。粒糙直径超过正常丝条的 3 倍，长度为 2～5mm。形成这类疵点的原因主要是配绵质量变动大，纺丝过程工艺、质量、设备、操作等管理程序中出现不正常因素所造成，例如，纤维干燥、牵伸过程易产生静电，纺丝生产中易出现卷绕罗拉皮辊及纤维散失，导致糙疵增多。

2. 杂质夹入　丝条上附着有其他纤维、草类或毛发等物，长度大于 20mm 归为大疵点，长度不长于 20mm 归为小疵点。产生杂质的主要原因是原料中夹带的，以及在生产中捡除不彻底，或生产管理不规范导致杂质再次混入。

3. 大螺旋、小螺旋　合股绢丝的各根单丝张力不一或粗细不同，使丝条部分呈螺旋状。长度大于 100mm 的为大螺旋，长度在 20～100mm 的为小螺旋。产生螺旋的主要原因是单丝粗细不同，而单丝粗细不同可由多种情况造成，如精练质量不好、须条结构不良、纺纱牵伸区控制不当导致粗纺形成大肚子纱等。

4. 长结、短结　丝条上结端的长度。长度大于 8mm 为长结，不长于 8mm 为短结。结头主要是在合丝、捻丝、络筒清糙、烧毛、摇绞等环节中断头、换管、清糙等情况下产生。

5. 捻头不良　丝条因捻头而形成的粗节。主要是在精纺环节操作工操作不当造成的。

6. 整理不良　比正常丝稍粗或稍细，且加捻不好。主要是由于丝条整理不当损坏了丝的表面，使丝条表面缺少捻度。

7. 毛头突出　丝条上的并结纤维一端从表面突出，长度大于 5mm。毛头突出主要是吐类、汰头、茧衣练后精干品中含有未解舒的缠结、僵硬、硬筋条、小条束纤维，在排绵时应尽量去除。

第四节 检验设备

一、黑板机

与生丝清洁、洁净检验的黑板机相同，具体参见第八章。

二、黑板

与生丝清洁、洁净检验的黑板相同，具体参见第八章。

三、标准物质

桑蚕绢丝洁净度标准样照一套，具体分成高支（细特）、中支（中特）、低支（粗特）三种；桑蚕绢丝疵点标准样照一套，具体分成高支（细特）、中支（中特）、低支（粗特）三种。

第五节 检验环境

与生丝清洁、洁净检验一样，绢丝的洁净度、千米疵点检验也需要在暗室中进行，具体的暗室要求参见第八章和第九章。

第六节 检验方法

一、样品制备

通过黑板机将 10 个丝筒的绢丝丝条按照一定线数均匀地排列在黑板上，一共摇取黑板 2 块。具体要求参见第八章均匀检验绢丝部分。

二、检验

首先检查黑板间的灯光照度是否符合要求，具体要求与生丝洁净检验相同，可参见第九章。

将黑板挂在黑板架上，黑板上部向前倾斜 5 度。检验员站立于黑板前方 0.5m

处，对照样照，观察每片丝片上所暴露的毛茸、白点的洁净程度，逐片进行打分，好于或等于样照洁净程度的不扣分，差于样照洁净程度的扣5分。只对黑板的一面进行检验。每块黑板10片丝片，共检验两块黑板，合计20片丝片。然后对照样照，观察每片丝片上所暴露的疵点，对存在的各类糙节疵点逐一评定，分别记录，对黑板的两面及侧片均需要进行检验。每块黑板10片丝片，共检验两块黑板，合计20片丝片。

按照一定规则进行记录。每5个小疵点折合一个大疵点；含有的大长糙大于样照最大的疵点时，作两个大糙计；特大螺旋的长度为1~3m，作两个大糙计，长度为3~10m的，作三个大糙计，长度在10m以上的作五个大糙计。

三、结果计算
（一）洁净度
$$洁净度（分）= 100-两块黑板的扣分累计扣分数 \quad (10-1)$$
（二）千米疵点
千米疵点按以下公式计算：
$$S = \frac{J \times 1000}{L} \quad (10-2)$$
式中：S——千米疵点，个/1000m；

J——折合大疵点数，个；

L——卷绕在黑板上的样丝总长度，m。

参考文献

[1] 国家进出口商品检验局.生丝检验［M］.天津：天津科学技术出版社，1985.
[2] 周林松，祝启明.桑蚕绢丝洁净度指标质量控制［J］.丝绸，2006，12：28-29.
[3] 周向阳.降低绢丝疵点的几项措施［J］.丝绸，1995，10：28-29.
[4] 罗玲利.绢丝疵糙的形成与控制［J］.丝绸，1997，5：34-36.
[5] 周林松，祝启明.桑蚕绢丝疵点形成的探讨［J］.丝绸，2004，2：18-21.
[6] 杨钟萍.绢纺原料与绢丝质量［J］.江苏丝绸，1994，4：20-21.
[7] 周立菊，乔李玲，钟崇利，等.绢纺螺旋纱的产生及控制［J］.丝绸，2001，4：24-25.

第十一章　双宫丝特征检验

第一节　检验目的

特征检验是针对桑蚕双宫丝开展的一个检验项目，双宫丝丝条上有随机分布、大小不一、断断续续的天然小疙瘩，具有粗狂而独特的风格，称其为特征。对这些天然小疙瘩进行检验，判定其特征归属的类型，为织造不同风格的双宫丝绸提供依据。双宫丝上这种小疙瘩也称雪花糙，丝条上的雪花糙越多，绸面上雪花般的感觉越明显。

第二节　检验原理

双宫丝一般由双宫茧与单茧按一定比例混合后缫制而成。双宫丝特征的形成主要与双宫茧茧层内的两根茧丝在离解时相互纠缠拉起或茧丝不依次离解有关，造成茧丝胶着点处小块茧层脱落、形成环额、糙块等黏附在丝条上。双宫茧比例越大，特征越多，缫丝生产的难度也越大。

双宫丝特征检验是检验双宫丝上雪花糙的类型、数量、分布均匀性情况，其检验结果是决定双宫丝分型的依据，不参与双宫丝的品质定级。

第三节　特征型号

桑蚕双宫丝的型号分为 H1、H2、M1、M2、L1、L2、L3 型，L3 型为最少特征的型号，H1 为最多特征的型号，根据特征检验结果按表 11-1 评定。

表 11-1　分型规定

型号	H1	H2	M1	M2	L1	L2	L3
评分（分）	130 及以上	110~129	90~109	70~89	50~69	30~49	29 及以下

双宫丝特征主要由双宫茧特殊的茧层结构所产生，蚕茧原料本身颣节多、解舒

差，双宫特征会产生多一些，因此，双宫茧比例越大，特征越多，偏向高特征型号如 H 型的概率越大。根据缫丝试验，若用座缫机纯手工缫制双宫丝，双宫茧比例达到表 11-2 所示范围，特征可达到相应型号要求。此范围仅作大致参考，不同原料性能、缫丝机型、生产工艺及操作手法都对特征的形成产生一定影响。若用自动缫丝机缫制双宫丝，由于稍大的糙块无法通过纤度感知器，同样比例的双宫茧，自动缫双宫丝特征相对少一些，要达到相应特征需适当提高双宫茧搭配比例。

表 11-2　双宫茧搭配比例与特征分布的关系

双宫茧比例（%）	5~15	16~20	21~30	31~40	41~60	61~80	>80
特征型号	L3	L2	L1	M2	M1	H2	H1

注　双宫茧比例是蚕茧重量配比。

双宫丝特征还与缫丝工艺有一定关系。煮茧偏生偏熟造成离解不充分或茧层崩溃或理绪不清，造成额节多，特征相应增多；添绪操作不良，造成添绪处丝条特别膨大或丝条黏附成锥形状，特征更为明显。

第四节　检验设备

一、黑板机
卷取速度为 100r/min 左右，能调节各种规格双宫丝的排列线数。

二、黑板
与生丝清洁、洁净检验的黑板相同，具体参见第八章。

三、标准物质
双宫丝特征标准样照一套，含 10 分、20 分、30 分、40 分、50 分共 5 张照片。目前各检验机构使用的样照主要是由苏州大学、无锡出入境检验检疫局和江苏省仪征市生丝样照厂联合研制的。

第五节　检验环境

与生丝清洁、洁净检验一样，双宫丝特征检验也需要在暗室中进行，具体的暗室要求参见第八章和第九章。

第六节　检验方法

一、样品制备

将切断检验卷取的丝锭用黑板机卷绕为黑板丝片，小绞丝每绞样丝卷取 2 片，长绞丝每绞样丝卷取 4 片。筒装丝每筒样丝卷取 4 片，其中 4 筒从面层卷取，3 筒从中层卷取，3 筒从内层卷取，共计卷取 40 片。每块黑板 10 片，每片宽 127mm，共 4 块黑板。

不同规格双宫丝在黑板上的排列线数规定见表 11-3。

表 11-3　黑板丝条排列线数规定

名义纤度（旦）	每 25.4mm 的排列线数
27~36（30.0~40.0dtex）	66
37~48（41.1~53.3dtex）	57
49~68（54.4~75.5dtex）	50
69~104（76.7~115.5dtex）	40
105~149（116.7~165.5dtex）	33
150~197（166.6~218.9dtex）	28
198（220.0dtex）及以上	25

二、检验

将卷取的黑板放置在黑板架上，黑板垂直于地面，检验员位于距黑板 1m 处，检验其任何一面，根据特征大小类型、数量、分布情况将丝片对照标准照片逐一进行评分，特征评分基本数量规定见表 11-4。特征起点以 10 分照片左下端一个为准；特征最高分为 50 分，最低分为 0 分，每 5 分为一个评分单位，当丝片上的特征个数介于两个评分档数之间时，需要对评定分数进行收舍，注意每块黑板上各丝片评分收舍应均衡；分布要求均匀，凡空白（无特征）占黑板丝片 1/4 及以上者扣 5 分，但基本分为 5 分者不扣分布分。

表 11-4　特征评分规定

分数（分）	50	45	40	35	30	25	20	15	10	5	0
特征个数（个）	60 及以上	52	45	40	35	27	20	15	10	5	2 及以下

三、结果计算

将 40 片丝片评分累计，以 10 除之取整数，即为该批丝的特征评分结果，再对照表 11-1 定出该批丝的特征型号。特征分低于 10 分者应在检验报告备注栏注明"特征不明显"。

第七节　典型问题分析

双宫丝特征与特殊疵点的相同点在于两者实质上都属于丝条上的糙疵。

双宫丝特征与特殊疵点两者的区别在于：特征是双宫丝生产过程中需要产生、主动产生的糙疵，体型较小，长度在 1cm 以下，为蚕丝组分，这种疵点是双宫丝织物需要的一种风格，不会对织物产生不良影响，而会装饰绸面形成星星点点"雪花"般的独特效果；特殊疵点是生产过程中需要避免产生，因原料问题、生产工艺或操作不当被动产生的疵点。其为蚕丝组分的疵点，体型较大或有污染的色块，如茧片、有色糙、特大长糙，长度至少在 2cm 以上，有些疵点非蚕丝组分，为异物混入，如黑屑糙、杂质等，这些疵点虽然有的体型较小，但即或仅有 0.2cm 长度的黑屑糙对织物都有危害，织在织物上容易形成织疵，对绸面造成不良影响。

参考文献

［1］陈庆官，袁美珍，李广荣.桑蚕双宫丝特征标准样品（样照）的制作 ［J］.丝绸，2000，12：44-45.

［2］黄继伟.双宫丝特征及生产方法的研究 ［D］.苏州：苏州大学，2009.

［3］黄继伟，林海涛，蒋芳，等."双宫丝特征"及其形成原因探讨 ［J］.丝绸，2010，2：10-14.

［4］庞凌晖.双宫丝的特征及工艺分析 ［J］.广西纺织科技，2008，37（1）：10-14.

［5］康亚辉，杨艳玲，陈辉.双宫丝"特征不明显"问题的探讨 ［J］.四川丝绸，2002，93（4）：12-13.

［6］周盛波，邱平.加大管理力度适应双宫丝新标准［J］.丝绸，2005（7）：40-42.

［7］刘蓉，左葆齐，胡征宇，等.双宫丝缫丝方法探讨［J］.丝绸，2009（4）：27-29.

［8］黄继伟，宁晚娥，胡征宇，等.广西双宫丝缫丝工艺新探［J］.丝绸，2010（2）：35-39.

［9］俞炳，朱建林，徐作耀等.TF2005S 型双宫丝自动缫丝机的特性及推广应用［J］.丝绸，2010，49（2）：28-32.

第十二章 强伸度检验

第一节 检验目的

蚕丝的拉伸性能是蚕丝众多物理性质中较为重要的。蚕丝在后续的丝织以及使用过程中都将反复经受拉伸、扭转、弯曲、压缩、摩擦等变形方式的考验，而拉伸是这些变形方式的基础，对各种变形起主导作用。蚕丝的拉伸性能不良时，在丝织过程中容易导致切断增加，影响织造效率和质量，增加原料消耗；织造而成的织物在坚牢程度、耐磨、手感、抗皱等方面的性能较差。在目前我国的生丝检验标准中，将生丝复丝拉伸性能的检验列为生丝品质检验的补助检验项目，单根生丝的拉伸性能检验列为选择检验项目。在现行的我国的标准中，将捻线丝拉伸性能的检验列为主要的定级项目；将绌丝拉伸性能的检验列为主要的定级项目；将绢丝拉伸性能的检验列为补助的定级项目。

生丝拉伸性能与丝纤维本身的结构有密切关系，一般聚合度高、取向度和洁净度高的茧丝，强度就高。茧丝中的丝胶不像丝素那样是纤维结构，它不能承受较大的纵向拉伸力，因此，脱胶后的精练丝的强度高于茧丝，伸长性质则低于茧丝。除了丝纤维本身结构的影响，影响生丝拉伸性能的因素还有很多，主要在以下几方面。

（1）蚕茧品种的影响。这是影响生丝拉伸性能的很重要的因素。同一品种的蚕茧，其雌雄茧的生丝拉伸性能有差异，雄蚕丝的强度要优于雌蚕丝。

（2）蚕饲养环境的影响。饲养的季节不同，对生丝的拉伸性能有一定的影响，对春、夏、秋三季茧而言，春茧制成的生丝强度最小，强伸率最大；秋茧制成的生丝强度最大，强伸率最小。上蔟环境对生丝拉伸性能有影响，多湿环境上蔟的，其解舒差，强度小，伸长大；干燥通风环境上蔟的，其解舒好，强度大，伸长小。

（3）茧性状的影响。蚕儿吐丝速度增加，能使茧丝的强度增加，而伸长下降，茧丝稍硬。茧的内、中、外不同部位，其茧丝拉伸性能存在差异。

（4）煮茧工艺的影响。煮茧时，生煮和熟煮都将使强伸度下降，煮熟度应适中且稳定。

（5）缫丝工艺的影响。缫丝速度、温度、缫丝张力以及小䈅丝片的放置时间与放置环境都会影响生丝的拉伸性能。缫丝时要合理设计缫丝速度、温度与张力，避免解舒低、落绪多等现象。小䈅丝片放置时间不宜过长，防止丝条疲劳，同时要合理控制小篁丝片以及复摇环节的温湿度，防止丝条粘并。

（6）生丝规格的影响。随着生丝纤度的增加，生丝的断裂强度、断裂伸长率均会增加，这主要是由于通过茧丝合并，部分缺陷得到改善，脆弱点在形态质量上得到弥补。

捻线丝是以生丝为原料，因此，它的拉伸性能主要取决于生丝的拉伸性能。捻线丝在加捻时会使拉伸性能受到一定影响，其断裂强度会较生丝有所下降。此外，捻线丝的加工工艺对其拉伸性能也存在一定的影响。

绢丝主要由长吐、次茧、滞头、茧衣等加工而成，紬丝则利用绢丝的落绵加工而成。这两类产品均是短纤维，其拉伸性能较生丝、捻线丝的性能要差很多。影响绢丝、紬丝拉伸性能的因素主要是其生产加工方面，特别是在精练、梳绵、制条等环节。

除上述原因影响蚕丝的拉伸性能以外，检验的条件对其拉伸结果产生直接影响。蚕丝的拉伸性能对检验的温湿度变化有较强的依赖性。温度高的条件下，丝纤维分子运动能量增大，大分子柔曲性提高，分子间的相互作用力减弱，拉伸强度下降，伸长率增大。相对湿度大时，丝纤维的回潮率增加，大分子间的结合力减弱，结晶区松散，使丝纤维的强度下降，伸长率增大，相反，相对湿度小时强度增加，伸长率减弱。检验时的拉伸速度会影响检验结果。在拉伸时，丝纤维大分子要顺应外力方向而伸展排列，从而出现缓弹性和塑性伸长两部分。当拉伸速度增加时，变形时间变短，出现缓弹性和塑性变形少，丝纤维变形小，断裂强力增大，伸长率减小。因此，在进行蚕丝强伸力检验时要严格按照相关要求，注意温湿度以及拉伸速度的控制。

第二节　检验原理

有很多指标可以反映蚕丝的拉伸性能，如强力、断裂强度、断裂长度、断裂伸长率、初始模量、屈服应力、断裂功等。在生丝、捻线丝的检验中，主要用断裂强度、断裂伸长率来考核生丝的拉伸性能；在绢丝、紬丝的检验中，主要用断裂伸长率、强力变异系数来考核生丝的拉伸性能。

一、强力 P_b

强力又称绝对强力、断裂强力，是指丝纤维能承受的最大拉伸外力，或单根纤维受外力拉伸到断裂时所需的力，单位为牛（N）。

二、断裂强度 P_0

断裂强度是一个相对强力指标。为了考虑纤维粗细不同，用每特（或每旦）纤维能承受的最大拉伸外力来比较不同粗细的纤维的拉伸断裂性质。单位为牛/特克斯（N/tex）、牛/旦（N/旦）等。

三、断裂伸长率 ε

断裂伸长率又称断裂应变，是指丝纤维拉伸至断裂时的伸长变化率，是反映丝纤维断裂时的伸长变形能力。

$$\varepsilon(\%) = \frac{l - l_0}{l_0} \times 100 \tag{12-1}$$

式中：l_0——拉伸前试样的长度，mm；

　　　l——拉伸断裂时试样的长度，mm。

四、强力变异系数 CV

强力变异系数是指丝纤维多次拉伸产生的断裂强力的离散程度，值小，说明离散程度低，样品的断裂强力较稳定；值大，则离散程度高，样品的断裂强力不稳定。

$$CV = \frac{\sqrt{\sum_{i=1}^{N}(F_i - \bar{F})^2/(N-1)}}{\bar{F}} \times 100 \tag{12-2}$$

式中：F_i——每次的断裂强力值，cN 或 gf；

　　　$\bar{F}$——平均断裂强力，cN 或 gf；

　　　N——试验次数。

因为丝纤维的特性，为达到客观的检验结果，往往需要较大的样本量。大样本量检验在一定程度上影响了检验的效率，为解决这一问题，生丝强伸力检验多采用复丝检验来代替单丝检验，即从抱平上摇取一定数量的生丝（100~400 回）形成一小绞丝进行拉伸试验。但复丝强伸力检验所取得的结果是通过对复丝测定求其平均值来折算成单丝的断裂强伸力，与单丝实际的拉伸力检验结果间存在较大差异，一般比单丝的断裂强度小，不能真实反映单根生丝在织造过程中对于各种机械外力的实际负荷能力，尤其不能适应现代高速织机对生丝质量的要求。所以在必要时，需采用生丝单丝强伸力检验，按照目前我国的生丝检验标准，每批生丝共需要进行单丝拉伸试验 200 次，复丝拉伸试验则只需要 10 次。

捻线丝、绢丝和䌷丝的强伸力检验一般是按照单根纱线强伸力检验方法进行的，即取定长的单根纱线，夹持纱线两端确保不滑移，等速拉伸至纱线断裂。按照目前我国的生丝检验标准，每批捻线丝试验 25 次，每批绢丝、䌷丝试验 20 次。

第三节　检验设备

一、主要设备

摆锤式强力仪受力拉伸方式较为古老，通过杠杆原理获得断裂强力与伸长，较早的国家生丝标准中均规定使用该设备，随着电子设备的快速发展，2001 版的国家生丝标准中允许等速牵引强力仪和等速伸长强力仪两种设备进行生丝拉伸试验，2008 版的国家生丝标准则仅将等速伸长强力仪列为生丝拉伸试验的设备，由此可见，等速牵引强力仪已渐渐不被使用。

（一）等速牵引强力仪（CRT）

摆锤式强力仪是等速牵引强力仪比较具代表性的设备，国内主要使用在生丝拉伸检验的型号有 Y741 型。摆锤式强力仪由可旋转的摆锤式重力装置、上下夹丝器、自动记录强伸力曲线的牵引装置等主要部件组成。试验时，上下夹头夹持住一定长的纤维，下夹头由传动机构带动等速向下，通过试样拉动上夹头向下运动，上夹头挂在圆盘上，圆盘随上夹头下降而进行顺时针方向回转，带动摇摆杠杆和重锤的重心离支点的垂线距离 x 渐远，由于摇摆杠杆和重锤对支点产生逆时针方向的力矩，对试样产生张力。当力矩 x 越大时，试样上的张力越大，直到试样被拉断。此时，杠杆端的摆锤所附的活动爬齿就停止在弧形刻度盘上，指示出强力公斤数。同时，利用夹丝器下降时牵动的左侧一组滑轮装置带动记录圆筒滚动，划线笔尖将强力曲线自动记录在圆筒所附的工作单上。

（二）等速伸长强力仪（CRE）

等速伸长强力仪，又名万能材料试验机，是目前最为常用的纤维拉伸性能测试设备。这种仪器是在整个试验过程中，一只夹钳是固定的，另一只夹钳做等速运动使伸直纤维断裂的一种拉伸试验仪。仪器两夹钳的中心点应处于拉力轴线上，夹持的钳口线应与拉力线垂直，夹持面应在同一平面上。夹持应保证试样不打滑，夹持面平整，不剪切试样或者破坏试样，夹持面上可使用适当的材料。试验仪一般具有强力/伸长自动绘图记录装置或者直接记录断裂强力和断裂伸长值的系统，使测量、读数、记录、绘制拉伸图、计算等工作全部自动化。

目前，生丝复丝、生丝单丝、捻线丝、绢丝和䌷丝的强伸力检验都使用这一类型的设备（图12-1、图12-2）。按照现行的国家生丝标准要求，检验生丝复丝的强力仪要求隔距长度能达到100mm，夹动器移动的恒定速度能达到150mm/min，强力读数精度≤0.01kg（0.1N），伸长率读数精度≤0.1%；检验生丝单丝的强力仪要求隔距长度能达到500mm，夹动器移动的恒定速度能达到5m/min，预加张力可精确至0.01cN/dtex。

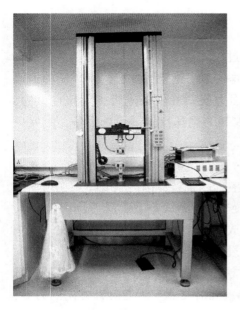

图12-1　强力仪（用于生丝复丝、捻线丝检验）

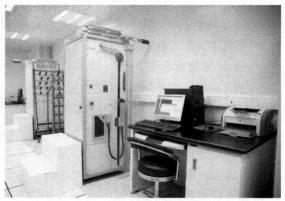

图12-2　强力仪（用于生丝、绢丝等检验）

按照现行的国家捻线丝标准要求，检验捻线丝的强力仪要求隔距长度能达到100mm，夹动器移动的恒定速度能达到150mm/min，强力读数精度≤0.01kg（0.1N），伸长率读数精度≤0.1%。

按照现行的国家绢丝和紬丝标准要求，检验绢丝和紬丝的强力仪要求隔距长度能达到（500±2）mm或（250±1）mm，夹动器移动的恒定速度为（500±10）mm/min或（250±5）mm/min，精确度为±2%，强力示值最大误差不超过2%，试验仪允许是手动型或自动型；试验仪能设置预加张力，预加张力可精确至0.1cN/tex。

二、其他设备

1. 电子天平　用于称量试样重量，需要有一定的精度，一般要求分度值≤0.01g，量程≥1000g。

2. 纤度机 用于制备样品，机型与生丝纤度检验的设备一致，具体参见第七章。

第四节 检验环境

检验环境对蚕丝的拉伸性能有直接的影响。试样必须按 GB/T 6529—2008 规定的标准大气和容差范围，在温度为（20±2.0）℃、相对湿度为（65.0±4.0）%的标准大气环境中调湿平衡至少 12h，使其回潮率接近公定回潮率。在检验过程中，也应在上述要求的温湿度环境下进行。

第五节 检验方法

一、样品制备

（一）生丝

我国的生丝国家标准规定生丝复丝检验时，绞装丝取切断卷取的丝锭 10 只，筒装丝取 10 筒，其中 4 筒面层、3 筒中层（约 250g 处）、3 筒内层（约 120g 处）。每锭（筒）用纤度仪制取试样 1 绞，共制取试样 10 绞。不同规格的生丝的卷取回数见表 12-1。丝绞卷取结束后。在丝绞断头处用生丝对整绞生丝进行捆扎，捆扎需紧密以防丝绞松散或打滑。生丝单丝检验时，绞装丝取切断卷取的丝锭 40 只，筒装丝取 20 筒，其中 8 筒面层、6 筒中层（约 250g 处）、6 筒内层（约 120g 处）。

表 12-1 生丝复丝强伸力检验试样卷取要求

名义纤度（旦）	每绞试样（回）
24（26.7dtex）以下	400
25~50（27.8~55.6dtex）	200
51~69（56.7~76.7dtex）	100

（二）捻线丝

我国的捻线丝国家标准规定绞装丝取切断卷取的丝锭 5 只，卷取试样 5 绞。不同规格的捻线丝的卷取回数见表 12-2。

表 12-2　绞装捻线丝强伸力检验试样卷取要求

名义纤度（旦）	每绞试样（回）
33（36.7dtex）以下	300
34~50（37.8~55.6dtex）	200
51~70（56.7~77.7dtex）	100

筒装丝取 10 筒，其中 4 筒面层、3 筒中层（约 250g 处）、3 筒内层（约 120g 处）。每锭（筒）制取试样 1 绞，共制取试样 10 绞。不同规格的捻线丝的卷取回数见表 12-3。

表 12-3　筒装捻线丝强伸力检验试样卷取要求

名义纤度（旦）	每绞试样（回）
33（36.7dtex）以下	300
34~50（37.8~55.6dtex）	200
51~100（56.7~111.1dtex）	100
101~200（112.2~222.2dtex）	50

（三）绢丝

我国的绢丝国家标准规定绞装丝取丝锭 20 只，筒装丝取 10 筒。

（四）绸丝

我国的绸丝国家标准规定取丝筒 10 只。

二、测试

（一）生丝复丝

用天平称计 10 绞试样的总重量并记录，然后逐绞进行拉伸试验。

取一绞丝，将其理顺后放入上、下夹持器。我国的生丝国家标准规定隔距长度为 100mm。试样加入夹持器这一步骤是十分关键的，要保证试样全部被夹持器夹住，且在夹持器内分布均匀，防止试样聚集在某一处的现象；两夹持器间的试样保持垂直，平行于夹持器，每根单丝均具有一定的张力确保不弯曲；夹持松紧要适当，防止拉伸时产生滑移和切断。因复丝拉伸时很容易造成单丝与单丝间的滑移，夹持器很难夹紧而使试样不产生滑移，检验时多将试样先绕在夹板上，再放入夹持器。

试样夹入夹持器后按要求设置拉伸速度等参数（我国的生丝国家标准规定动夹持器移动的恒定速度是 150mm/min）。启动强力仪开始拉伸试验，记录最大强力、最大强力时的伸长率等指标。

（二）生丝单丝

根据丝类产品标准或者协议相关规定设置试验根数、试验次数、隔距长度、拉伸速度等参数。我国的生丝国家标准规定每个丝锭试验 5 次，筒装丝每个丝筒试验 10 次，一共 200 次；隔距长度为 500mm；拉伸速度为 5m/min。

在夹持试样前，检查钳口准确地对正和平行，以保证施加的力不产生角度偏移，同时设置好隔距以及预加张力。取 1 个丝锭（丝筒）按常规方法退绕生丝作为试验样品，自动或者手动夹紧试样。再次检查设备运行状态以及试样夹持状态后，启动设备进行拉伸试验。在试验过程中，检查试样在钳口直接的滑移不能超过 2mm，如果多次出现滑移现象应更换夹持器或者钳口衬垫。舍弃出现滑移时的试验数据，并且舍弃丝类产品断裂点在距钳口 5mm 及以内的试样数据。记录断裂强力和断裂伸长率值。

重复上述操作，按要求逐锭（筒）逐次完成所有的拉伸试验。

（三）捻线丝

检验方法与生丝复丝强伸力检验方法基本一致。

（四）绢丝

根据丝类产品标准或者协议相关规定设置试验根数、试验次数、隔距长度、拉伸速度等参数。我国的绢丝国家标准规定绞装丝每个丝锭试验 1 次，筒装丝每个丝锭试验 2 次。隔距长度为 500mm，拉伸速度为 500mm/min；隔距长度为 250mm，拉伸速度为 250mm/min。预加张力为（0.5±0.1）cN/tex。

在夹持试样前，检查钳口准确地对正和平行，以保证施加的力不产生角度偏移。测试前先退绕部分绢丝，然后将试样导入钳口，夹紧试样，确保试样固定在夹持器中。再次检查设备运行状态以及试样夹持状态后启动设备进行拉伸试验。在试验过程中，检查试样在钳口直接的滑移不能超过 2mm，如果多次出现滑移现象应更换夹持器或者钳口衬垫。舍弃出现滑移时的试验数据，并且舍弃丝类产品断裂点在距钳口 5mm 及以内的试样数据，并记录舍弃数据的试样个数。采用全自动设备时，可将 10 锭（筒）绢丝同时放入导丝架，一起导入测试设备中，使操作简便，从而提高检验效率。

（五）绸丝

检验方法与绢丝强伸力检验方法基本一致。每个丝筒测 2 次，共试验 20 次。

三、结果计算

（一）生丝复丝

（1）断裂强度按以下公式计算：

$$P_0 = \frac{\sum\limits_{i=1}^{N} P_i}{m} \times E_f \tag{12-3}$$

式中：P_0——断裂强度，gf/旦或 cN/dtex；

P_i——各绞试样断裂强力，kgf 或 N；

m——试样总重量，单位为（g）；

E_f——计算系数，使用不同单位，系数不同。使用 cN/dtex、N 时系数为 0.01125；使用 cN/dtex、kgf 时系数为 0.1103；使用 gf/旦、N 时系数为 0.01275；使用 gf/旦、kgf 时系数为 0.125。

（2）断裂伸长率按以下公式计算：

$$\delta = \frac{\sum\limits_{i=1}^{N} \delta_i}{N} \tag{12-4}$$

式中：δ——平均断裂伸长率，%；

δ_i——各绞样丝断裂伸长率，%；

N——试样总绞数。

（二）生丝单丝

（1）平均断裂强力按以下公式计算：

$$\bar{F} = \frac{\sum\limits_{i=1}^{N} F_i}{N} \tag{12-5}$$

式中：$\bar{F}$——平均断裂强力，cN 或 gf；

F_i——各次试验断裂强力，cN 或 gf；

N——试验总次数。

（2）断裂强度按以下公式计算：

$$P = \frac{\bar{F}}{\bar{D}} \tag{12-6}$$

式中：P——断裂强度，cN/dtex 或 gf/旦；

$\bar{F}$——平均断裂强力，cN 或 gf；

$\bar{D}$——平均纤度，旦或 dtex。

（3）平均断裂伸长率按以下公式计算：

$$\bar{\delta} = \frac{\sum\limits_{i=1}^{N} L_i}{N \times L_f} \times 100 \tag{12-7}$$

式中：$\bar{\delta}$——平均断裂伸长率，%；

L_i——各次试验断裂伸长，mm；

L_f——名义隔距长度，mm，按照现行国家生丝检验标准，该值为500；

N——试验次数。

（4）断裂强力变异系数按以下公式计算：

$$CV_{F} = \frac{\sqrt{\dfrac{\sum (F_i - \bar{F})^2}{N}}}{\bar{F}} \times 100 \qquad (12-8)$$

式中：CV_F——断裂强力变异系数，%；

F_i——每次断裂强力测试结果，cN 或 gf；

$\bar{F}$——平均断裂强力，cN 或 gf；

N——试验次数。

（5）断裂伸长变异系数按以下公式计算：

$$CV_{\delta} = \frac{\sqrt{\dfrac{\sum (\delta_i - \bar{\delta})^2}{N}}}{\bar{\delta}} \times 100 \qquad (12-9)$$

式中：CV_{δ}——断裂伸长率变异系数，%；

δ_i——每次断裂伸长率测试结果，%；

$\bar{\delta}$——平均断裂伸长率，%；

N——试验次数。

（三）捻线丝

（1）断裂强度按以下公式计算：

$$P_0 = \frac{\displaystyle\sum_{i=1}^{N} F_i}{\displaystyle\sum_{i=1}^{N} D_i \times m} \qquad (12-10)$$

式中：P_0——断裂强度，gf/旦或 cN/dtex；

F_i——各绞试样绝对断裂强力，gf 或 cN；

m——试样总重量，g；

D_i——各绞试样纤度，旦或 dtex；

N——试验试样纤度总绞数，绞；

m——试样回数，回。

（2）断裂伸长率按以下公式计算：

$$\bar{\delta} = \frac{\sum\limits_{i=1}^{N} \delta_i}{N} \tag{12-11}$$

式中：$\bar{\delta}$——平均断裂伸长率，%；

δ_i——各次试验断裂伸长率，%；

N——试验总次数。

（四）绢丝

（1）平均断裂强力按以下公式计算：

$$\bar{F} = \frac{\sum\limits_{i=1}^{N} F_i}{N} \tag{12-12}$$

式中：$\bar{F}$——平均断裂强力，cN 或 g；

F_i——各次试验断裂强力，cN 或 g；

N——试验次数。

（2）平均断裂长度按以下公式计算：

$$\bar{L} = \frac{\bar{F} \times N_{km}}{1000 \times 0.98} \tag{12-13}$$

式中：$\bar{L}$——平均断裂长度，km；

$\bar{F}$——平均断裂强力，cN 或 g；

N_{km}——公定回潮率时的实测支数，公支或 dtex。

（3）平均断裂伸长率按以下公式计算：

$$\bar{\delta} = \frac{\sum\limits_{i=1}^{N} \delta_i}{N} \tag{12-14}$$

式中：$\bar{\delta}$——平均断裂伸长率，%；

δ_i——各次试验断裂伸长率，%；

N——试验次数。

（4）断裂强力变异系数按以下公式计算：

$$CV_F = \frac{\sqrt{\sum\limits_{i=1}^{N} (F_i - \bar{F})^2 / (N-1)}}{\bar{F}} \times 100 \tag{12-15}$$

式中：CV_F——断裂强力变异系数，%；

F_i——各次试验断裂强力，cN 或 g；

N——试验次数；

$\bar{F}$——平均断裂强力，cN 或 g。

（五）绅丝

（1）平均断裂强度按以下公式计算：

$$\bar{P} = \frac{\sum_{i=1}^{N} P_i}{N} \qquad (12{-}16)$$

式中：$\bar{P}$——平均断裂强度，gf/旦或 cN/dtex；

P_i——各试验断裂强度，gf/旦或 cN/dtex；

N——试验次数。

（2）强力变异系数计算可参考绢丝强力变异系数计算方法。

参考文献

［1］国家进出口商品检验局.生丝检验［M］.天津：天津科学技术出版社，1985.

［2］真砂义郎，等.丝织物对生丝质量的要求［M］.杨爱红，白伦，译.北京：纺织工业出版社，1984.

［3］陈文兴，傅雅琴，江文斌.蚕丝加工工程［M］.北京：中国纺织出版社，2013.

［4］于伟东.纺织材料学［M］.北京：中国纺织出版社，2012.

［5］于新安，郝凤鸣.纺织工艺学概论［M］.北京：中国纺织出版社，2003.

［6］周颖，许建梅，白伦，等.生丝单丝强伸力检验中样本容量研究［J］.纺织学报，2010，31（8）：36-40.

［7］吴孟茹.捻线丝强力下降的原因探讨［J］.四川丝绸，2005，102（1）：5-6.

第十三章　抱合检验

第一节　检验目的

　　抱合检验是检验组成生丝的各根茧丝之间的胶合程度，又称为抱合力检验。丝胶具有互相胶着的特性，生丝就是利用这一特性由若干根茧丝经缫丝机合并胶着而成。丝胶的胶着力较强，生丝在一般摩擦力作用下不易分离。

　　生丝在制丝、丝织加工和使用过程中经常受到各种各样的摩擦，其抱合质量的优劣，与丝织工艺和织物质量有密切关系。如果抱合质量不良，则丝条不耐摩擦，摩擦后茧丝分裂，强力极易下降，而且在织造过程中容易发毛开裂产生切断。织成织物后，在丝线抱合不良部位会发白或起毛，这些部位染色后吸色不匀，颜色不鲜艳，使用中易破损，不耐使用。轻薄丝织物是现在的流行趋势，这种织物会以单经单纬织造不经并丝和上浆，抱合不良对加工织造和织物影响更大。丝织行业高速织机在逐步取代低速织机，高速织造过程中丝线间摩擦力和张力相应增加，对生丝抱合的要求更高，所以，在生丝贸易中，织绸企业很重视抱合成绩。抱合检验项目在生丝检验中被列为补助检验项目。

　　影响抱合性能的主要因素如下：一是茧丝含胶量与丝胶的胶合性能；二是茧丝之间结合的紧密度及丝条表面的光滑程度等。生丝抱合质量与以下生产工艺相关：煮茧和缫丝时丝胶的膨润程度；丝鞘装置的角度和丝鞘的长度、捻数；缫丝车速；缫丝汤的温度、浓度；缫丝通道是否光滑；缫丝车间温湿度管理；小箴真空渗透质量；复摇过程小箴浸渍质量等。

第二节　检验原理

　　抱合检验的原理是在一定大气条件下，在一定张力下将固定长度的生丝排列在挂钩之间，通过一定重量的高精度刀片左右摩擦，模拟织造过程经线的受摩擦情况，观察摩擦后生丝丝条的变化情况，并记录摩擦次数。通过受摩擦次数来表示生丝抱合质量的优劣。

　　世界上不同国家评判丝条变化差异、确定抱合次数的方式有所不同。日本、韩国和我国采用半数以上的丝条有 6mm 以上开裂的摩擦次数作为抱合成绩。欧洲国家主要以瑞士苏黎世生丝检验所的"白点计数法"为主，具体是摩擦丝条直至每丝条上的白点至少达到 10 个为止，观察每一往复丝条（共 10 条）上产生的白点（不计长短）数量，具体计算公式如下：

$$总数 = 摩擦次数 × 白点次数$$
$$抱合 = 总数 / 白点次数之和$$

第三节　检验设备

生丝抱合检验的设备是杜泼浪式抱合机，抱合机整体由机器框架、电动机动力机构、偏心轮传动机构、电动机调速机构、计数机构、张力机构、摩擦刀片七部分组成。研究发现，摩擦刀片（简称，摩擦片）是影响抱合检验结果的主要设备因素。杜泼浪式抱合机的整体构造如图 13-1 所示。

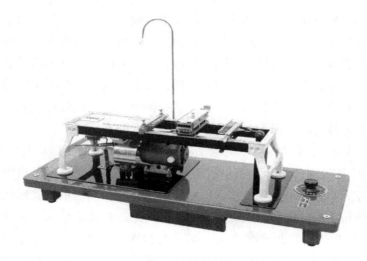

图 13-1　抱合检验机

第四节　检验环境

现行国家标准规定，捻度的测定环境应符合 GB/T 6529—2008 中规定的标准大气环境，即温度为（20±2）℃，相对湿度为（65±5）%，样品应在上述条件下平衡12h 以上方可进行检验。

第五节　检验方法

一、样品制备

抱合检验项目仅适用于名义纤度 33 旦及以下规格的生丝。生丝检验标准（GB/T 1798—2008）中规定，抱合检验的样本量为 20 个。绞装丝样品取切断卷取丝锭 20 只；筒装丝样品 20 筒，8 筒自面层取样，6 筒自中层取样，6 筒自内层取样。

二、测试

将抱合机的右面排钩位置固定在嵌键上，转动速度调节开关，通过秒表计时法，将摩擦速度调整为约 130 次/min。一次摩擦为摩擦头运动一个来回。

用固定嵌键固定右边排钩，翻开上摩擦片，将样丝丝锭插入插座中，理出丝头，去除丝锭表层丝条，将丝条通过导丝钩绕入前固定钮上，拧紧固定螺丝。将样丝依次来回挂绕在左右排钩之间。排钩挂满后，将丝条末端绕入另一固定钮上，拧紧固定螺丝。扳开固定右边排钩嵌键，使排钩得以活动，借重锤均牵引力将丝条拉直。将活动钩放松，观察待检样品的完整性，如发现丝条上有明显糙节、发毛开裂应废弃该样，在原丝锭上重新取样。将活动排钩微向左方推移后放松，使丝条均匀排列，上下摩擦片之间，但不能脱钩，再轻轻盖上摩擦片。

将抱合机的计数器置零。开动电动机开始摩擦，根据我国现行的检验标准规定，摩擦至 45 次左右停机开始第一次观察，观察方法是翻开上摩擦片，将右边活动排钩略向左方推移，使丝条放松，仔细检视其分裂状态。根据实际情况，每摩擦一定次数后停机观察，但间隔次数不宜太多，以免影响检验结果。直到半数以上丝条发生 6mm 以上开裂时，摩擦终止，记录摩擦次数。测试中途，丝条发生切断，应观察切断处样丝的状态，分析原因并重新测试。若第一次观察时，半数以上丝条发生 6mm 以上开裂，则重新测试，并减少第一次观察的摩擦次数。

必要时，在抱合检验机后方放置黑板，并配置相应光源，以便于观察生丝开裂情况。

三、结果计算

平均抱合次数的计算方法如式（13-1）所示。

$$\bar{X} = \left[\frac{\sum_{i=1}^{20} X_i}{20} \right] \tag{13-1}$$

式中：$\bar{X}$——平均抱合次数，次；

$\quad\quad X_i$——单次抱合次数，次。

第六节　典型问题分析及注意事项

刀片使用时间过长，导致其过于锋利或存在缺口，对生丝抱合检验结果影响很大，应对摩擦片上的刀片的锋利和完整程度高度重视。检验中每检验一定数量样品后，必须对刀片进行检查，根据情况加以修磨或更换。

磨刀片时，要求将刀片两面磨平，刀口磨成钝圆、光滑、端直、无缺裂，刀口两侧用放大镜检验，呈对等的45°圆弧角。日本横滨生丝检验所验证刀片方法是：在黑板检验时选取无匀度变化，清洁、洁净成绩都为100分的丝条作样品，把被验证刀片的检验结果与标准刀片的检验结果相比较，检验结果两者差异在±3%以内为合格，超过5%为不合格。

参考文献

［1］黄君霆，等. 中国蚕丝大全 ［M］. 成都：四川科学技术出版社，1996.

［2］浙江农业大学. 丝茧学 ［M］. 北京：中国农业出版社，1961.

［3］成都纺织工业学校. 制丝工艺学下册 ［M］. 北京：纺织工业出版社，1986.

［4］王小英，刘丰香. 新编制丝工艺学 ［M］. 北京：中国纺织出版社，2001.

［5］浙江丝绸工学院，苏州丝绸工学院. 制丝学 ［M］. 2 版. 北京：纺织工业出版社，1980.

［6］苏州丝绸工学院，浙江丝绸工学院编. 制丝学（下册）［M］. 2 版. 北京：纺织工业出版社，1993.

［7］浙江丝绸工学院，苏州丝绸工学院. 制丝化学 ［M］. 2 版. 北京：纺织工业出版社，1996.

［8］苏州丝绸工学院. 制丝学 ［M］. 北京：中国纺织出版社，1994.

［9］李栋高，蒋惠钧. 丝绸材料学 ［M］. 北京：中国纺织出版社，1994.

［10］浙江省丝绸公司. 制丝手册：下册 ［M］. 北京：中国纺织出版社，1992.

[11] 白伦，谢瑞娟，李明忠. 制丝学 [M]. 上海：东华大学出版社，2011.

[12] 彭晓虹. 蚕丝氨基酸的组成与功能 [J]. 蚕桑茶叶通讯，2005（3）：12-14.

[13] 董艳革，等. 蚕丝的理化性质及其利用途径 [J]. 安徽农学通报，2007，13（4）：88-89.

[14] 金炳豪. 蚕丝加工学 [M]. 谢勤成，王文荃译. 成都：四川科学技术出版社，1989.

[15] 陈涛，李奕仁. 关于影响生丝抱合力因素的分析 [J]. 中国蚕业，2003，24（4）：95-97.

[16] 孙鸿文. 基于仪器的生丝抱合自动检验系统研究 [D]. 苏州大学，2005.

[17] 龚求娣. 浅谈工艺条件对生丝抱合和强伸力的影响 [J]. Silk，2006（9）：27-27.

[18] 梁进，王林细，楼锡仑. 生丝抱合力检验与丝织工程关系的探讨 [J]. 丝绸，1995，10，24-25.

[19] 浙江丝绸科学研究院. 对 Y731 生丝抱合力机影响检验数据稳定性的研究报告.

[20] 董锁拽. 关于生丝抱合检验方法的探讨 [J]. 丝绸检验，1997，3：1-4.

[21] 李茂松，周华. 生丝抱合与其结构关系的研究 [J]. 纺织学报，1991，12（3）：13-16.

[22] 陈建勇. 对生丝抱合的探讨 [J]. 浙江丝绸工学院学报，1986，13：2.

[23] 孙鸿文，陈庆官. 生丝抱合性能检验方法及装置 [J]. 纺织学报，2005，2：81.

[24] 浙江丝绸科学研究院. 试论生丝抱合检验及其研究的现状. 1995.

[25] 浙江丝绸科学研究院抱合力研究组. 生丝抱合力的初步研究 [J]. 丝绸，1979，12.

[26] 王焕金，史静娟. 试论生丝抱合检验方法 [J]. 丝绸检验，1994，2.

[27] 钱镇海. 生丝抱合成绩的影响因素分析及其对策 [J]. 国外丝绸，2004，19（2）：1-4.

第十四章　茸毛检验

第一节　检验目的

茸毛是茧丝中微细的异常纤维，通常也叫微茸。它多是从丝条的丝素主干上分离或分裂出来，埋在丝绞里，大小比一般颣节小，直径约为 $0.3\,\mu\mathrm{m}$，其形态特征大致可分为缠着型和分裂型两类。茸毛染色性能较差，它的出现是桑蚕丝本身不可避免的一个缺点，导致染色性能差的主要原因是脱胶后的茸毛结构紧密，空隙少，不利于上染，因此，茸毛较多的生丝，其染色后的织物会出现较多的白色染疵。

高品质的生丝或特殊用丝往往需要进行茸毛检验，茸毛检验成绩差的生丝，对高档织物影响较大，特别是深色织物和缎面织物，降低了织物的外观质量和使用价值。在目前我国的生丝检验标准中，将茸毛检验列为生丝品质检验的选择检验项目之一。

生丝产生茸毛的原因有很多，主要有以下几方面。

1. 蚕品种的影响　蚕品种的差异对茸毛的影响最大。不同的蚕品种，茸毛成绩有差异。吐丝多、吐丝粗的蚕品种，其茸毛成绩差。同一品种的蚕，雌雄茧的茸毛成绩不存在显著差异。

2. 蚕饲养环境的影响　五龄期以及上蔟时的环境对茸毛多少有直接影响。室内温度高的，茸毛少，温度低的，茸毛多；蚕儿食硬叶的，茸毛少，食软叶的，茸毛多；蚕上蔟较生的，茸毛少，上蔟过熟的，茸毛多；上蔟温湿度高的，茸毛多，温湿度低的，茸毛少。

3. 茧性状的影响　对同一粒茧而言，茸毛主要集中在茧的中层，茧的内层和外层茸毛较少。茧层中部是蚕吐丝的旺盛期，丝腺内的丝素流动紊乱，导致出现茸毛。同一桩口的茧，饲养条件相同的情况下，茧型的大小与茸毛成绩有一定关系，茧型小的茸毛成绩好。茧丝纤度细的茸毛较少，茸毛成绩好。

4. 煮茧工艺的影响　煮茧程度要偏生而均匀，并尽量保留较多丝胶，即增加生丝的抱合力，则既能顺利解开茧层上茧丝间胶着点，又能使茸毛纤维在丝胶中较好地得到保护。煮茧过熟导致丝胶溶失多，使原本包含在茧层中的茸毛外露，不均匀，使部分胶着点在缫丝过程中容易被瞬时增大的张力强行拉开，导致丝胶脱落，茸毛纤维外露。

5. 缫丝工艺的影响 缫丝汤温度建议在 32~60℃ 的范围内，相对高的温度不宜产生茸毛，缫丝卷曲速度以略快为宜。

6. 生丝加工中其他环节的影响 并丝使茸毛减少。对于 300 个/m 以上的高捻度捻线丝，茸毛也会减少。在精练中，低精练（75%）使茸毛减少，过度精练会增加茸毛。有报道称，对生丝进行酯化消除处理可消除部分茸毛。

此外，在处置生丝时应防止粗暴，否则易发生分裂纤维，产生茸毛。

第二节　检验原理

茸毛检验主要是模拟丝织物生产中的染色环节，利用茸毛染色性能差的特点，对生丝先进行脱胶，而后用盐基性深色染料进行染色，对脱胶染色后的生丝，在一定的环境下对照茸毛样照进行评分。生丝茸毛成绩的好坏主要用茸毛批平均分数和茸毛评级分数两个指标进行评判。

第三节　检验设备和试剂

一、自动卷取机

自动卷取机（图 14-1）主要用于卷取丝片，其工作原理与生丝黑板检验中的黑板机相似，含有线数调节装置，且大小与金属箴匹配。

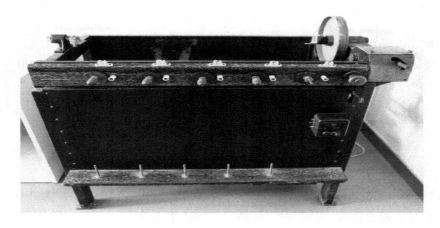

图 14-1　自动卷取机

二、金属箴

金属箴5只，每只金属箴长770mm，宽225mm，厚25mm，每个金属箴可摇5个丝片。

三、箴架

箴架主要用于放置金属箴，长782mm，宽228mm，高280mm，每个箴架可放置金属箴5只。

四、煮练池、染色池、洗涤池以及清水池

煮炼池、染色池（图14-2）、洗涤池和清水池各一只，其大小可容纳一个箴架，并可排水。煮炼池、染色池和洗涤池具有加热装置，可以加热至100℃，最好带有温度控制功能。

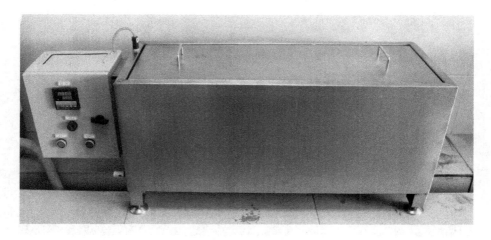

图 14-2 煮练池、染色池

五、标准物质

茸毛标准照片一套，共8张，分别为95分、90分、85分、80分、75分、70分、65分和60分，表示各自分数的最低限度。

六、试剂

1. 中性工业肥皂 用于脱胶煮练。

2. 甲基蓝（盐基性染料） 用于染色。

第四节 检验环境

　　检验需在暗室中进行，暗室大小至少满足长 1820mm，宽 1620mm，高 2205mm，与外界光线隔绝，四壁以及内部物件均漆成无光黑灰色，色泽均匀一致。在宽为 1620mm 的墙面上安装灯光装置，在灯光装置下方安装挂金属筬的托架，使筬顶在灯罩前缘 40mm 处；灯光装置下方，金属筬托架后方要悬挂黑板，作为背影，有助于观察茸毛，黑板与丝筬垂直面倾斜成 40°；黑板下方安装有样照悬挂架，用于悬挂样照（图 14-3）。

　　灯光装置要求用弧形灯罩，内装 60W 天蓝色内面磨砂灯泡 4 只，照度为 180lx 左右。

图 14-3　茸毛黑板检验暗室

第五节 检验方法

一、试样制备

　　我国的生丝国家标准规定从切断摇取的丝锭中取 20 只，每只丝锭卷取一个丝片（按照一个金属筬可摇 5 个丝片，共需要 5 个金属筬），也可根据需要卷取一定数量的丝片。摇取丝片时，建议对丝锭、金属篦及篦架进行编号，避免重复使用丝锭摇取丝片的现象。每片丝的先后扎头必须扣扎牢固，旋紧螺丝帽，防止丝片松弛。

每个丝片宽127mm，卷绕一圈的周长为500mm。丝片每25.4mm排列线数规定见表14-1。

表14-1 茸毛检验卷取线数规定

名义纤度（旦）	每25.4mm排列线数	每片丝长度（m）
12（13.3dtex）及以下	35	87.5
13~16（14.4~17.7dtex）	30	75.0
17~26（18.8~28.8dtex）	25	62.5
27~48（29.9~53.2dtex）	20	50.0
49~69（54.3~76.7dtex）	15	37.5

二、脱胶与染色

（一）脱胶

把300g中性工业皂片或相当定量的皂液，注入盛有60L清水的煮练池中，并用玻璃棒充分搅拌使皂片充分溶解。当煮练池内溶液加温到97℃时，将摇好的金属篦连同篦架浸没在溶液中煮练，保持水面微微波动，使丝胶溶解，但不宜沸腾太猛或水面静止不动。60min后将金属篦连同篦架放入盛有40℃温水的洗涤池中洗涤，最后再放到清水池中洗净皂液残留物。在用水清洗丝片上过量的皂液时，可将金属篦及篦架在进入池内后略为上下升降，但不可强烈震动丝片，使清洗彻底。

整个脱胶过程必须掌握好温度和时间，防止脱胶过生或过熟；脱胶时溶液量必须盖没篦架。同时进行多批茸毛检验时，第一次脱胶用过的溶液可继续使用，在第三次脱胶时需再加60g中性工业皂片，并加足水量60L，使丝框全部浸没在水中。

（二）染色

把24g甲基蓝注入盛有60L清水的染色池中，用玻璃棒充分搅拌使其均匀。当染色池中的溶液加温到40℃以上时，将已脱胶的金属篦连同篦架移入染色池内，保持溶液温度为40~70℃，染色20min。将染色后的金属篦连同篦架放在盛有冷水的清水池中清洗，洗去过量的染料，清洗时可像清洗丝胶时一样，将金属篦及篦架在进入池内后略为上下升降。注意控制好温度和时间，以达到染色的理想效果。

第一次染色的溶液，在用过后可继续使用，在第三次染色时需再加染料5g，并加足水量60L，以保持液面盖没金属篦。

（三）干燥

自然干燥或在温度50℃以下进行加热干燥，避免阳光照射。

(四) 整理

脱胶、染色、干燥后的丝片，丝条排列会出现几根丝条缠结在一起的现象，这会严重影响检验结果，因此，必须在检验前对丝条进行适当整理，使丝条分离恢复原有的排列。用光滑的细玻璃棒或竹针在筬架上逐片进行整理，先在丝片的横面中间部分拨动，然后将棒靠近筬的上端和下端，以垂直方向使丝条分离，恢复原有的排列状态，剥离丝条要小心细致，不能拉扯或拉断丝条，否则会增加裂丝或增加茸毛的长度。金属筬两面的丝片都需要整理。

三、测试

将受验的金属筬连筬架移置于茸毛检验室内，将金属筬逐只挂在灯罩前面托架上，开启灯光，逐片检验评分。检验员视线位置在距离筬正前方约 0.5m 处，取筬两面的任何一面，在灯光反射下逐片进行观察。根据各丝条上所存在的不吸色的白色疵点和白色茸毛的数量、形状及分布情况，对照标准样照逐片评分，对评分结果进行记录。

无茸毛者为 100 分，最低为 10 分；从 100 分至 60 分每 5 分为 1 个评分单位，从 60 分至 10 分每 10 分为 1 个评分单位。

四、结果计算

(1) 茸毛平均分数。以受验各丝片所记载的分数相加之和，除以总片数，即为该批丝的平均分数。

$$茸毛平均分数(分) = \frac{各丝片(20\ 片)分数之和}{总丝片数(20\ 片)} \qquad (14-1)$$

(2) 茸毛低分平均分数。在受验总丝片中取 1/4 片数（5 片）的最低分数相加，除以所取的低分片数，所得的分数即为该批丝的低分平均分数。

$$茸毛低分平均分数(分) = \frac{各丝片(20\ 片)中\ 5\ 片最低分数之和}{低分片数(5\ 片)} \qquad (14-2)$$

(3) 茸毛评级分数。以平均分数与低分平均分数相加，两者的平均分数即为该批丝的评级分数。

$$茸毛评级分数(分) = \frac{平均分数 + 低分平均分数}{2} \qquad (14-3)$$

五、评判

现行的生丝国家标准将茸毛检验列为选择检验项目，并没有给出具体的评判标准。行业内习惯于使用茸毛评级分数作为评判一批生丝茸毛方面质量情况，并按分数对其进行大致分等，具体见表14-2。

表14-2　茸毛评级标准

评级分数	级别
95分及以上	全好（perfect）
85~94.99	优（excellent）
75~84.99	良（good）
65~74.99	普通（fair）
50~64.99	劣（poor）
10~49.99	最劣（very poor）

参考文献

［1］国家进出口商品检验局.生丝检验［M］.天津：天津科学技术出版社，1985.

［2］真砂义郎，等.丝织物对生丝质量的要求［M］.杨爱红，白伦，译.北京：纺织工业出版社，1984.

［3］陈文兴，傅雅琴，江文斌.蚕丝加工工程［M］.北京：中国纺织出版社，2013.

［4］吴红侦.影响茸毛成绩的原因调查［J］.丝绸，1991（6）：19-20.

［5］周观海，许秀清.关于桑蚕丝茸毛的研究［J］.丝绸，1990，25（5）：11-14.

第十五章　含胶率检验

第一节　检验目的

通常蚕丝中丝素约占75%，丝胶约占25%，适当的含胶率，可以增强生丝的抱合，在一定程度上对丝素起保护作用，有利于下道工序的加工整理，丝片不易紊乱，丝条抗压耐磨。如含胶量过少，则影响抱合，织物容易起毛；反之，如含胶率过高，则丝条糙硬，影响生丝光泽手感及蚕丝被成品的保暖性、蓬松性，在机织过程中易磨损钢筘，同时，织造时增加原料消耗，增大成本。生丝含胶量的多少，与生丝质量和精练后的重量有关。随着目前鲜茧生丝的大量出现，有研究结果表明，鲜茧生丝含胶率普遍较高，鲜茧生丝的含胶率平均比干茧生丝含胶率高出2.09%，含胶率检验可以作为鉴别鲜茧生丝与干茧生丝的一个初筛手段。当生丝含胶率低于24.00%或高于26.00%时，用于签别鲜茧生丝与干茧生丝的正确率达到100%，因此，生丝的含胶率为贸易所重视，被列为选择检验项目。

第二节　检验原理

利用丝胶溶解于水，而丝素在水中只能部分膨润而不溶解的原理，用弱碱性［如碳酸钠（Na_2CO_3）溶液］或者三级水溶掉试样中的丝胶，将丝胶完全溶解后的试样进行清洗、烘干、称重，计算出含胶率。

必要时，用苦味酸胭脂红呈色试剂对脱胶后的生丝样丝进行染色，根据被染后样丝的颜色确定丝胶是否脱净。其原理如下：在弱碱性条件下，苦味酸将丝素染成黄色，而丝素与胭脂红的作用既不灵敏又不牢固，经水洗后立即去除。当丝胶未脱净时，胭脂红将丝胶染成红色，苦味酸的黄色被掩盖，脱胶后如果丝胶脱尽，经呈色试剂试验，样品就染成黄色。所以，可以根据脱胶后的样丝在苦味酸胭脂红呈色试剂中的颜色判断丝胶是否脱净：呈黄色，则表示丝胶已经脱净；呈红色，则表示丝胶没有脱净，还需要进一步重复脱胶步骤进行脱胶。

第三节 检验设备与试剂

一、天平

用于称量除胶前后的生丝样丝重量和药品试剂，天平（图 15-1）的分度值≤0.01g。

二、恒温控制烘箱

用于烘干脱胶前的生丝样品和脱胶完毕后的生丝样品。烘箱可达到的实际加热温度≥140℃，应为通风式烘箱（图 15-2）。

图 15-1 分析天平　　　　　图 15-2 全自动通风式快速恒温烘箱（自带天平）

三、容器

用于盛装样丝在弱碱性溶液［如碳酸钠（Na_2CO_3）溶液］或者三级水中煮沸。可以是具有耐热耐碱性能的玻璃或金属容器（图 15-3），容器的容量≥10L。

四、加热装置

用于脱胶过程中的加热，以及用于三级水或者蒸馏水的加热。可以是电磁炉、电炉或者加热板等，加热后温度可达到100℃以上。

(a) 玻璃烧杯　　　　　　　(b) 不锈钢烧杯　　　　　　　(c) 铝钢

图 15-3　实验容器

五、试剂

1. 碳酸钠　碳酸钠分子式为 Na_2CO_3，分析纯。

2. 三级水或蒸馏水　符合 GB/T 6682—2008 定义的三级水或蒸馏水。

3. 苦味酸胭脂红呈色试剂　将 1g 胭脂红溶于 10mL、25% 氨水中，再加三级水 20mL，搅拌混合，加热；冷却后加入饱和苦味酸溶液 45mL，再加三级水至 100mL，调节溶液的 pH 为 8~9，形成苦味酸胭脂红呈色试剂，用该试剂检验脱胶是否完全。

六、其他

1. 定时器　用于测量样丝在弱碱性溶液［如碳酸钠（Na_2CO_3）溶液］或者三级水中煮沸的时间。

2. 温度计　用于测量弱碱性溶液［如碳酸钠（Na_2CO_3）溶液］或者三级水或者蒸馏水的温度。温度计分度值 ≤1℃，量程为 0~100℃。

第四节　检验环境

试验加热过程中注意安全，可以使用电热板、封闭式电炉等不产生明火的加热设备。

第五节　检验方法

一、取样

取代表性试样 3 份，其中 2 份作为试样、1 份作为备样，一般来说，每份试样取（20±2）g。

二、检验程序

（一）脱胶前试样的干重称重

将抽取的两份试样分别标记后，将试样置于烘箱中，在（140±2）℃条件下烘至恒重，分别得到脱胶前两份试样的干重 m_0。

纺织材料干燥处理过程中，按规定的时间间隔称重，当连续两次称重质量的差异小于后一次称重质量的 0.1% 时，后一次的称重质量即为该纺织材料的恒重。根据经验，一般来说，生丝在预热到（140±2）℃的烘箱中烘 2h 后可以进行第 1 次称重，将第 1 次称重的生丝放入（140±2）℃的烘箱烘 30min 后再进行第 2 次称重，计算前后两次的质量差异，确定是否烘至恒重。

（二）脱胶

配置碳酸钠溶液，注意碳酸钠应选择分析纯，用天平称取一定质量的 Na_2CO_3，用三级水配制成浓度为 0.5g/L 的碳酸钠溶液，也可以直接选用三级水，按照 1：100 的浴比，根据试样干重计算出所需要的碳酸钠溶液或三级水体积，用量筒量取碳酸钠溶液或三级水倒入容器，将容器放在加热器上加热，当碳酸钠溶液或三级水达到沸点时，将达到干重的样丝放入碳酸钠溶液或三级水继续煮沸 30min，用计时器计时。脱胶时不断用玻璃棒在容器内搅拌，使脱胶均匀充分，防止试样露出水面，脱胶过程中，若水分蒸发过多，加少量的温水，保持溶液的浓度，脱胶后，将试样用 50~60℃三级水或蒸馏水充分洗涤，至少反复冲洗三遍。如此重复以上脱胶步骤 2 次，可使用胭脂红来判断丝胶是否脱净。

2 份平行样丝分别进行脱胶处理。

（三）脱胶后试样的干重称重

将洗净后的脱胶试样，在（140±2）℃条件下烘至恒重，称计脱胶后试样干重 $P = \dfrac{m_0 - m_1}{m_0} \times 100\%$。操作步骤和关键点同脱胶前的干重，由于脱胶后的样丝是湿丝，所以在烘箱中烘的时间较脱胶前的样丝长。

三、结果计算

含胶率按式（15-1）分别计算两组试样的含胶率。

$$P = \frac{m_0 - m_1}{m_0} \times 100\% \qquad (15-1)$$

式中：P——含胶率，%；

m_0 ——试样脱胶前干重，g；

m_1 ——试样脱胶后干重，g。

将各份试样的脱胶前总干量和脱胶后总干量代入式（15-1），计算结果作为该批丝的实测平均含胶率。

当两份试样含胶率差异超过3%时，应制备第三份试样，重复以上方法脱胶后，再与前两份试样的脱胶前干重和脱胶后干重合并计算，作为该批丝的实测平均含胶率。

参考文献

［1］蒋小葵，许建梅，盖国平，等.鲜茧生丝与干茧生丝含胶率试验比对 ［J］.丝绸，2017，（7），7-12.

［2］孙彩娥，李肖舟，曹锦如.不同蚕品种茧层丝胶含量的调查 ［J］.蚕桑通报，1993，（3），47-49.

［3］周小进，董雪.不同脱胶方法对蚕丝性能的影响分析 ［J］.针织工业，2013，（4），44-48.

［4］黄龙全.家蚕茧层含胶率与茧丝品质相关性研究 ［J］.蚕业科学，1989，（4），225-227+243-244.

［5］张显华，左保齐.桑蚕丝脱胶试验研究 ［J］.丝绸，2008，（10），33-34.

［6］周沛源.有关煮茧丝胶溶失率的几个问题 ［J］.丝绸，1982，（3），5-6+9.

第十六章　含油率检验

第一节　检验目的

含油率即指纤维表面吸附的油剂质量对纤维干重的百分率。在缫丝过程中，蚕茧经水煮后，蚕蛹的部分蛹油会渗透到茧层中，加之由于操作过程偶尔会出现蚕蛹被压破的情况，致使蛹油被蚕茧部分吸收。蚕丝中含油率的高低对蚕丝制品性能有着重要的影响。高含油率意味着蚕丝的回弹性差，并且在较短的使用时间内会出现板结、收缩等现象，对蚕丝制品所具有的吸湿、透气等优点有着严重的影响。蚕丝制品中含有的蛹油与蚕丝在微生物的作用下，会发出难闻的气味，进而影响它的质量和使用效果。此外，为消除丝线静电，提高桑蚕捻线丝的可加工性，常在桑蚕丝表面加上一定的油剂后再加捻。各企业所用油剂的不同和用量的多少均影响着捻线丝重量和后整理的效果，同时在贸易过程中，含油率对贸易双方的公量结算也有一定的影响。因此，准确测量蚕丝的含油率对企业生产和经营有着十分重要的意义。

第二节　检验原理

蚕丝及其制品中所含油剂在有机溶剂中能很好地溶解，从而实现丝、油分离。目前比较常用的方法为化学溶剂（乙醚、乙醇、四氯化碳）在索氏萃取器中对桑蚕捻线丝试样进行循环萃取，以达到测定桑蚕捻线丝含油率的目的。

此外，利用皂液和油剂相亲和的性质，在洗涤力的作用下，使试样上的油剂转移到皂液中，根据试样洗涤前后的质量变化，计算出含油率；利用核磁共振法检验含油率也有应用。

第三节　检验设备与试剂

一、仪器设备

1. 索氏萃取器　蒸馏瓶。

2. 称量天平 仪器精度不小于 0.1mg。

3. 恒温水浴锅 可调节温度。

4. 恒温烘箱 能保持温度为（105±2）℃。

5. 干燥器 装有变色硅胶。

6. 称量瓶 用于差减法称量试样的容器。

二、试剂与材料

乙醚（分析纯）、乙醇、四氯化碳，定性滤纸。

第四节 检验环境

乙醚是一种无色、易燃、极易挥发的液体，其气味带有刺激性、麻醉性，使用时戴上口罩，避免吸入性危险，操作时需在通风橱中进行。

第五节 检验方法

一、样品制备

取捻线丝筒（绞）2 只，剥去表面层，每筒（绞）先各称（摇）取 1 份试样，每份试样质量为（5±0.5）g；另每筒（绞）再取相同重量的备用试样各 1 份。

二、测试

将蒸馏瓶、称量瓶放在（105±2）℃的烘箱中，烘至恒重。迅速置于干燥器中，冷却至室温后分别称取重量并记录。将 2 份试样分别用定性滤纸包好，大小、松紧适宜，分别置于萃取器的浸抽器中，高度不超过虹吸管的溢流除 10mm，进行平行试验。倒入乙醚，使其浸没试样并越过虹吸管产生回流，接上冷凝器。将索氏萃取器安装在恒温水浴锅上，连接冷凝管，接通冷凝水。调节水浴锅加热温度，使蒸馏瓶中乙醚微沸，保持每小时回流不少于 6 次，总回流时间 3h。萃取完毕后，取下冷凝器，从浸抽器中取出试样，挤干溶剂，除去滤纸，放入已称重过的称量瓶中。再接上冷凝器，回收萃取液。待乙醚基本挥发尽后，将内含油脂的蒸馏瓶和装有试样的称量瓶分别置于（105±2）℃的烘箱中，烘至恒重，取出称量瓶和蒸馏瓶。迅速放入干燥器内，冷却到室温后分别称取重量并记录。

三、结果计算

含油率按式（16-1）计算，计算结果精确至小数点后一位。以两份试样含油率的平均值作为该批丝实测含油率。若两份试样结果差异超过 0.5%，应进行第三份试样的试验，最后取三份试验结果的平均值作为该批丝实测含油率。

$$Q = \frac{m_0}{m + m_0} \times 100\% \qquad (16-1)$$

式中：Q——桑蚕捻线丝的含油率，%；

　　m——去油脂后试样干重，g；

　　m_0——油脂干重，g。

参考文献

［1］张叶兴，黄猛富，陈洁秋，等.几种化学纤维含油率测试方法的比较分析［J］.中国纤检，2012，（1），59-61.

［2］李兵，盛家镛，史常春，等.家蚕丝绵含油率测定方法的研究［J］.丝绸，2008，（4），46-47.

［3］窦皓，刘姣姣，叶良青，等.桑蚕丝含油率的快速萃取测试［J］.丝绸，2009，（12），46-47.

第十七章　捻度检验

在纺纱或打线的过程中，其原料纤维或长丝围绕轴线以一定方向持续扭转，使纱线具有捻回或包缠的过程称为加捻，由加捻产生的单位长度内的捻回数即称为捻度，捻度一般用每米纱线的捻回数（捻/m）来表示。加捻使纱线形成了绕中心轴扭转的结构，在一定程度上增强了其力学性能。对于短纤纱来说，加捻使其内部摩擦力增大，受力时，纤维不易滑脱；对于长丝来说，加捻使纱线形成了紧密而稳定的结构。

第一节　检验目的

通过加捻工艺而形成一定捻度后，对纱线的结构、物理性能以及织物的风格和成衣的服用性能都有较为直接的影响。纱线捻度的测试既要精确反映纱线本身所固有的真正捻度，又要确保操作简单、快速准确，捻线丝和绢丝的捻度不匀率是重要的检验项目之一。

在测量捻度试验后会具体计算出实际捻度、实际捻度与名义捻度的偏差，及实际捻度的不匀率（也就是变异系数），此三个数据能够反映出加捻工艺的质量。其中，捻度偏差是实测捻度与设计捻度的比较，可以体现出生产工艺设计的准确性，偏差值越低则工艺设计越准确；而捻度不匀对于纱线质量影响较大，因捻度不匀可造成纱线强力改变，强力强弱不均进而在织造过程中断头增多，生产效率和质量下降，故不匀率越大则纱线质量越不稳定。

捻度检验可以反映纱线的内在质量，一方面可为生产方提供改进工艺、提高质量的数据支撑；另一方面可为产品的买卖双方提供定价结汇依据。

第二节　检验原理

目前，常用的捻度检验方法有直接计数法（直接退捻法），和退捻加捻法（一次退捻加捻法、二次退捻加捻法和三次退捻加捻法等）。在目前现行的捻线丝、绢丝等丝类商品的检验标准中，涉及捻度的检验方法都是选用直接计数法。

1. 直接计数法　直接计数法是指在规定的预加张力下，由捻度测试仪的两个距离可调节的夹持器夹住一定长度纱线试样的两端，其中一夹持器回转带动试样一端旋转，退去试样上的捻回，直至试样构成单丝完全平行（可用挑针在两夹持器之间完全挑开），则退去的捻回数即为该试样长度的捻回数，由此计算纱线的捻度。

2. 退捻加捻法　退捻加捻法则是指在规定的预加张力下，由捻度测试仪的两个距离可调节的夹持器夹住已知长度纱线的两端，其中一夹持器回转带动试样一端旋转，使纱线先退捻后反向加捻，纱线分别产生捻伸和捻缩，当纱线回复到初始长度时，退捻加捻的捻回数即为该长度纱线上捻回数的 2 倍。

在丝类产品中，需要经过加捻工艺的有捻线丝与绢丝。其中捻线丝是以 1 根及以上的生丝或双宫丝加捻而成；绢丝则是利用缫丝生产过程中的疵茧、废丝等加捻成股线而成。

捻线丝的标示、符号、捻向按照 GB/T 8693—2008 规定。

示例 1：20/22 旦 f3 S 250 表示 3 根 20/22 旦无捻生丝，捻向为 S 捻，捻度为 250 捻/m。

示例 2：20/22 旦 f1 Z 700×2 S 250 表示单根 20/22 旦，捻向为 Z 捻，捻度为 700 捻/m 的生丝 2 股，捻向为 S 捻，捻度为 250 捻/m。

绢丝的标示则以公制支数（简称公支）来表示，即绢丝在公定回潮率时，1g 纱线所具有的长度米数。双股绢丝的标示，以单股名义公支数/2 表示，例如，100 支的双股绢丝以 100 公支/2 表示。其中细度标示与捻度的关系见表 17-1。

表 17-1　绢丝名义细度（支数）与设计捻度对照表

名义细度（公支/2）	210	200	160	140	120	100	80	60	50
设计捻度（捻/m）	730	710	680	570	550	510	500	480	450

通过上表，可以对照查出相应支数的绢丝的设计捻度。

第三节　检验设备

捻度仪是测定丝类产品捻度及其有关技术指标的仪器，可以测定出捻度、捻度偏差率及捻度变异系数，为评价丝类产品质量的主要测试仪器之一，是目前捻度检验的主流仪器（图 17-1）。

图 17-1 捻度仪

捻度仪的主要组成部分如下。

（1）预加张力装置和可测量试样长度装置。

（2）可固定隔距的两个夹持器，其中一个夹持器可绕轴正反旋转，并与旋转计数器连接。应可调整至少一个夹持器的位置，夹钳口不得有缝隙。

（3）数据的中央处理单元（CPU）、操作面板，能记录旋转夹持器的回转数，能选择旋转方式。

第四节　检验环境

现行国家标准规定，捻度的测定环境应符合 GB/T 6529—2008 中规定的标准大气环境，即温度为（20±2）℃，相对湿度为 65%±5%，样品应在上述条件下平衡12h 以上方可进行检验。

第五节　检验方法

一、样品制备

1. 绞装丝 5 件型（10 箱）及以下组批，抽取 10 绞；6~10 件型（11~20 箱）组批，抽取 20 绞。绞装丝每绞从底层、面层各络一个丝锭。

2. 筒装丝 10 箱及以下组批，共抽取 10 个筒；11~20 箱组批，共抽取 20个筒。

二、测试

试验次数、隔距及预加张力的选择见表17-2。

表 17-2 试验次数、隔距及预加张力的选择

产品名称	适用规格（捻/m）	每筒试验次数	隔距（mm）	预加张力（cN/dtex）
绞装捻线丝1500捻/m 及以下，2~9根	<1250	1	500±0.5	0.05±0.01
	≥1250	1	250±0.5	0.05±0.01
筒装捻线丝2000捻/m 及以下，9根及以下	<1250	2	500±0.5	0.05±0.01
	≥1250	2	250±0.5	0.05±0.01
绞装绢丝	<1250	1	500±0.5	0.05±0.01
	≥1250	1	250±0.5	0.05±0.01
筒装绢丝	<1250	2	500±0.5	0.05±0.01
	≥1250	2	250±0.5	0.05±0.01

注 100捻/m及以下的捻线丝不考核捻度变异系数、捻度偏差率。

（一）捻向的辨别

握持待测丝的一段，使其一小段（至少100mm）悬垂，观察此悬垂丝的构成部分的倾斜方向，与字母"S"或"Z"的中间部分倾斜方向一致。将观察的结果记录捻向标记"S捻"或"Z捻"。

（二）捻度计数

1. 直接计数法 先去除样品始端数米，在不使试样受到意外伸长和退捻的条件下，将试样的一端夹入一只夹钳内，再将另一端引入夹钳的中心位置，使试样受到预加张力后拉直到指针对标准尺零位，夹紧夹钳，切除多余尾丝，同时使计数器回复零位，然后进行反向退捻，直至股丝全部分开，用挑针拨至股丝相互平行为止，记录捻数，核实捻向。试验2次的筒子试样与试样之间至少有1m以上的间隔。

2. 退捻加捻法 先去除样品始端数米，在不使试样受到意外伸长和退捻的条件下，将试样的一端夹入一只夹钳内，再在预加张力下将试样另一端引入旋转夹钳，调整试样长度使指针至零位，夹紧夹钳，退捻后再加捻使指针回复零位。计数器记录的数值则表示每米的捻度。

每次测试应将丝锭（筒）面层的丝去掉2m以上，捻度应全部解开后记录捻数。

三、结果计算

1. 平均捻度 平均捻度按式（17-1）计算。

$$\bar{X} = \frac{\sum_{i=1}^{N} Y_i \times 1000}{N \times L} \qquad (17-1)$$

式中：$\bar{X}$——平均捻度，捻/m；

Y_i——每个试样捻数测试结果，捻；

N——试验次数；

L——试样的隔距长度，mm。

2. 捻度变异系数 捻度变异系数按式（17-2）计算。

$$CV = \frac{\sqrt{\sum_{i=1}^{N} (X_i - \bar{X})^2 / (N-1)}}{\bar{X}} \times 100 \qquad (17-2)$$

式中：CV——捻度变异系数，%；

$\bar{X}$——平均捻度，捻/m；

X_i——每个试样捻度测试结果，捻/m；

N——试验次数。

3. 捻度偏差率 捻度偏差率按式（17-3）计算。

$$S = \frac{|X - \bar{X}|}{X} \times 100 \qquad (17-3)$$

式中：S——捻度偏差率，%；

$\bar{X}$——平均捻度，捻/m；

X——名义捻度，捻/m。

第六节　典型问题分析

一、单根股捻线丝

单根股捻线丝即为单根加捻丝，是捻线丝的特殊品种。对于此种产品，在进行捻度检验直接计数法时，单根股丝很容易自动解捻，对于其捻度的检验往往偏差过大，因此，建议对于单根股捻线丝使用退捻加捻法进行检验。

二、外观疵点

在进行捻度检验时，有发现外观疵点（如双丝）的可能。建议在发现双丝等外观疵点时，由专业技术负责人确认后，在外观检验单上批注疵点情况，捻

度检验人员应将疵点部分去除，建议在纤度机上倒掉一部分丝，整理后再进行
检验。

参考文献

［1］FJ-3-Z-5.4-2-F/1 无锡局纺检中心丝类商品检验作业指导书［Z］.

［2］甘志红，王飞.几种纱线捻度测试方法的比较［J］.山东纺织经济，2010（3）：57.

［3］范尧明，颜晓青.纱线捻度测试方法的探讨［J］.纺织科技进展，2006（1）：81-82.

［4］田金家，闫华.结合两种捻度测定方法谈保证单纱捻度测定的准确性［J］.中国纤检，2005（9）：16-17.

［5］张延辉.纱线捻度不匀的影响因素分析［J］.上海纺织科技，2012（7）：54-56.

第十八章　生丝电子检验

第一节　检验目的

决定生丝质量的主要指标是生丝的清洁、洁净、匀度、纤度及抱合等，清洁、洁净、匀度以及抱合检验目前广泛采用的方法是采用检验员感官检验，检验员培养难度大、周期长，检验时受人员主观因素影响大；纤度检验所使用的设备落后，效率低、劳动强度大。

生丝电子检测是采用光电或电容传感器元件对生丝的疵点和纤度变化进行检验的方法，是不同于传统感官检测的方法而建立的一个全新的检测体系。检验的样本量更大，从而获得的检验数据更全面，能够更具有代表性的描述生丝的质量。检验不借助人员的感官，使检验的结果更为客观，检验效率更高。该方法获得的数据基本能代替生丝检验中的清洁、洁净、匀度、纤度等；通过对检验结果的数据进行系统性的分析，还能一定程度地反映生丝抱合、强伸力的情况。通过电子检测获得的检验结果对指导高速织机生产更具意义。

第二节　检验原理

一、原理

当生丝检测样本按固定张力、固定速度通过卷绕系统的电子检测探头时，电子检测探头内的电子传感元件将发生电子波动，不同的电子波动反映不同的生丝粗细、疵点、纤度等变化。四组电子检测探头组成了电子检测仪传感系统，一组光电检测探头和一组电容检测探头检测生丝的疵点及粗细节变化，一组电容检测探头检测生丝的纤度变化，一组检测探头检测异性纤维的混入。

二、糙疵及粗细节分布

根据光电和电容探头检测到的糙疵直径和长度三维大小，生丝电子检测仪将糙疵分为多种，每种糙疵可单独计数。ISO 15625：2014《丝　生丝疵点　条干电子检测试验方法》中对生丝电子检测的疵点以及粗细节尺寸有明确的规定，如

图 18-1 所示，根据糙疵长度分为 SA、SB、SC、SD、SE 五个区域，长度分别为
1~2mm、2~7mm、7~10mm、10~20mm、>20mm；根据糙疵直径也可分为 0~4
五个区，直径分别为 80%~100%、100%~150%、150%~250%、250%~400%、
>400%。从糙疵的长度、大小综合考虑，将疵点划分为大糙和小糙两类。大糙由
SA4~SE4、SA3~SE3、SC2~SE2 和 SD1~SE1 区组成；小糙由 SA2~SB2、SA1~
SC1 和 SA0~SE0 区组成。

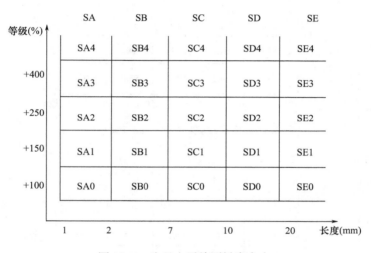

图 18-1 生丝电子检测糙疵大小

各区域的设置主要是按照生丝本身疵点特性划分的，最多的小疵点一般都在
2~7mm，长结在 4~10mm，大糙在 7mm 以上，大长结在 10mm 以上，而环节和裂
丝一般都在 20mm 以上。

光电和电容的粗细节分布不是完全一致的，具体划分方式如图 18-2、图 18-3
所示。和疵点一样，每种粗节、细节也是单独计数。

雪糙是长度≤1mm，质量或截面面积大于平均值的 80% 的微小疵点。

三、条干均匀度变化

相对传统检测用 200 个数值（每个数值是 112.5m 生丝的重量）来描述生丝的
纤度变化，电子检测采用 1.5×10^5m 的检测周期内的条干变异系数来描述生丝纤度
变化，采样点可以分为 1cm、5m、50m 不同采样周期，检测数据更广，描述更
科学。

CV 探头是往复摆动式探头，当被检测样品摆入探头后，CV 探头每 1mm 采集

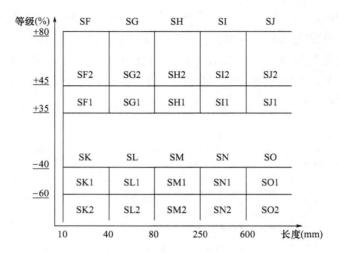

图 18-2　电容检测中粗节、细节大小分布

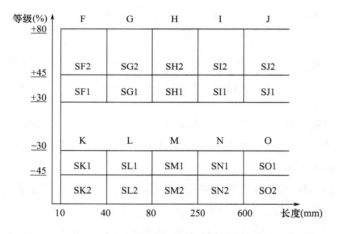

图 18-3　光电检测中粗节、细节大小分布

一个样本信号。CV 系统使用间隔方式检测样品信号，两个间隔分别为延迟长度（L_{delay}）和信号取样长度（L_{smpl}），条干均匀程度测试取样范围如图 18-4 所示。

　　每个测试位先进行 1km 的条干电容基准信号预采集，这 1km 的条干电容基准信号的平均值，定义为基准值 100，之后每 1mm 采集到的信号值与标准值 100 比较，获得一个比较值。例如，某一信号值大于基准值 10%，则当次检测值为 110；反之，信号值小于基准值 10%，则当次检测值为 90。

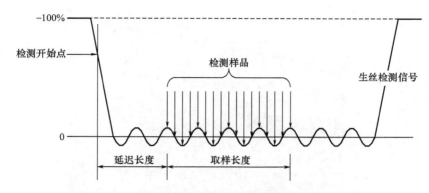

图 18-4　条干均匀程度测试取样范围

检测长度（L）是指每个测试位的测试样品长度，假设测试样本总长度为 150km，12 锭仪器每个测试位的 L 为 12.5km。当检测长度达到了预设测试长度，则检测自动停止完成。条干 $CV_{1cm}\%$、条干 $CV_{5m}\%$、条干 $CV_{50m}\%$ 三个统计值都是基于单位长度而获得。

四、异性纤维检测

检测样本中是否混入头发、塑料包装线等非丝纤维。

第三节　检验设备

一、生丝电子检测仪

生丝电子检测仪（图 18-5）可以是单锭也可以是多锭的，主要有光电、电容传感器和信号处理单元以及设备支撑体三部分组成。光电、电容传感器主要用于检测生丝的各类疵点、粗细节、条干以及异性纤维。信号处理单元主要用来控制测试过程、处理输出信号、对各类数据进行统计计算。设备支撑体主要由牵引系统、卷取装置和导丝装置组成。

为保证检测结果的准确性，生丝电子检测仪需要在每批检验结束后进行清洁处理，除去缠绕在各部件上的废丝，可使用空气喷嘴清洁，以求减少对传感器的损坏。

二、浸泡设备

1.浸渍槽　容量一定，适合浸泡。

2.脱水机　无特殊要求，能脱水即可。

图 18-5　生丝电子检测仪

3. 浸泡助剂　以阴离子表面活性剂、天然蜡、乳化剂等为主要原料配制的助剂。根据 ISO 标准的附录，一共提供了 3 种浸泡助剂。第一种为 0～10% 烷基醇（C8-C18）聚氧乙烯醚（3-20EO）；5%～15% 硬脂酰咪唑啉；2%～10% 硬脂酸聚乙二醇酯（PEG200-1000）；2%～10% 油酸聚乙二醇酯（PEG200-1000）；0～10% 烷基胺的聚氧乙烯缩合物（5-25EO）；20%～50% 植物性油脂或精制白油。第二种为 0～10% 硬脂酸二乙醇酰胺；0～10% 硬脂酰咪唑啉；5%～15% 烷基醇（C11-C13）聚氧乙烯（3-8EO）；5%～15% 聚二醇（P400-40000）；5%～15% 聚氧乙烯（20EO）山梨醇酐单硬脂酸酯；30%～50% 聚乙二醇（400）单十二酸酯；5%～15% 聚乙二醇（400）椰油酸酯。第三种为 10%～30% 脂肪酸三乙醇胺（C11-20）；40%～60% 石蜡（液态）；10%～30% 脂肪酸（C11-20）、植物油、硫酸钠盐。

三、其他

1. 切断机　用于将绞装丝制成筒，参见第六章。

2. 丝锭或丝筒　行业标准件。

3. 外观检验设备　用于抽取生丝样品，参见第五章。

第四节　检验环境

由于电子检测仪器运行时具有一定的噪声，建议将电子检测设备密闭在一个独立的恒温恒湿空间内，以最大限度减少对周边仪器设备和人员的影响。

生丝电子检测应在环境温度为（20±2）℃，相对湿度为65%±4%的标准大气环境条件下进行，试样应在这样条件下的恒温恒湿室内平衡12h以上方可进行检验。

第五节　检验方法

一、样品制备

目前的ISO国际标准规定，绞装生丝在一批丝内按照生丝外观检验的方法，在丝台的边、中、角三个部位分别抽取12绞、8绞、4绞，共24绞，每把限抽1绞。用切断机将绞装丝按照不同部位（表18-1）卷绕在丝锭上，每绞丝卷取7.5km，每两绞共卷取在一个丝锭上。切断机的速度等参数设置均与生丝进行切断检验时相同。

表18-1　样丝抽取规则

绞数	位置
10	面层
10	底层
2	面层的1/4处
2	底层的1/4处

筒装生丝每批从丝箱中抽取12筒，每箱现抽1筒。不需要用切断机卷绕成丝锭。

对于检测浸泡丝，需要在检验前先对生丝进行浸泡处理。将配置好的浸泡助剂放入浸渍槽内，用量为生丝质量的2%~4%，然后将样丝均匀放入槽内，使样丝全部浸在液面以下进行浸泡，浴比约为1:5，浸泡时间约为12h，温度约为40℃。浸泡完毕后，将样丝从浸渍槽取出后放入脱水机进行脱水至回潮率为100%~105%，然后抖动样丝，恢复其原有的平直状态。把脱水后的样丝放置在室内通风较好处自然晾干，时间约为24h；也可以使用40℃的加热设备进行加热干燥。

二、测试

设置生丝电子检测仪络筒机转速为（600±30）m/min，试样为浸泡丝时，转速为（900±50）m/min。如贸易双方另有协议要求，也可以使用其他速度。设置预加张力为（0.2±0.05）cN/dtex，确保丝条卷取平稳。设置样品总长度为150km，每个筒子长度为12.5km。根据名义纤度或实测纤度设置检测纤度范围，如20/22旦，名义纤度为21旦。

测试前，正确清洁所有探测头，开机预热30min。按照相关标准或其他协商要求设置仪器参数和糙疵参数。将待测丝锭或丝筒放入测试位置。将每锭生丝传入测试通道后，开启设备，正式开始测试。测试结束后，收集所有测试数据。当测试样品长度不足，或测试样品频繁断裂，或制样过程样品受伤时，应终止测试，重新制备样品，重置仪器参数，重新开始测试。

三、结果计算

（一）糙疵和粗细节

统计电容和光电探头检测到的大糙、小糙、粗节、细节和雪糙等，并折算成每100km的各类疵点的个数。

（二）条干变异系数

统计条干变异系数 $CV_{1cm}\%$、$CV_{5m}\%$ 和 $CV_{50m}\%$，从12个测试位置的 $CV_{1cm}\%$ 中统计 $CV_{between}\%$。

参考文献

[1] 董锁拽，汪良敏，陆军.生丝电子检测系统的研制方案［J］.纺织标准与质量，2007（2）：53-56
[2] 周颖.生丝电子检测技术研究及展望［J］.丝绸，2009（9）：42-45，51
[3] 许建梅.生丝电子检验中纤度变异系数分级理论研究［D］.苏州：苏州大学，2005.
[4] 陈继红，孔丽平.新型乌斯特条干均匀度仪简介［J］.毛纺技术，1989（3）41-44.

第十九章 产品定级

丝类产品定级是根据该丝批各项品质检验指标（包括器械检验和外观检验）的综合成绩，按照相应的产品标准规定的分级标准来确定产品的等级。丝类产品经检验后所确定的产品等级，是丝类商品的综合质量指标，反映了产品质量的优劣，也是国内国际贸易中"按质论价"的依据；同时，通过产品的定级也可以发现生产中存在的问题，用以指导生产，改进生产质量。

第一节 概述

丝类产品定级的规则都是先确定基本等级，再确定是否有降级的情况，最终确定产品等级。各类丝类产品定级的技术指标有相似的，也有各自不同的特点，总的来说，均匀度、清洁、洁净（千米疵点）以及纤度检验项目作为基本级评定的居多，外观检验主要参与降级评定。不同的丝类产品根据各自的生产工艺和产品性状，在质量技术指标考核要求上又有不同的要求，比如：生丝、土丝、双宫丝需要进行切断检验，并将其作为定（降）级指标考核；生丝、绢丝、捻线丝、䌷丝等需要进行强伸力方面的指标检验，并作为定（降）级的指标考核；生丝还需要进行抱合检验，并作为定（降）级的指标考核；双宫丝需要进行特殊疵点检验，并作为定（降）级的指标考核。

根据一批丝类商品的各项品质检验成绩，按产品对应的分级标准表，逐项对照各个检验项目所属的等级，以其中一项最低的成绩作为基本等级，再对照补助检验项目和外观检验项目，根据降级规定，确定该批丝的品质等级。不同年代号的丝类产品标准可能对产品等级规定和分级指标不一致，一般来说，随着企业生产工艺的改进和人们生活水平的不断提高，丝类产品的新标准品质技术指标规定越来越严格，低品级的丝类产品逐渐被淘汰。按照我国现行的丝类产品标准，生丝的产品定级以简明的符号6A、5A、4A、3A、2A、A和级外品来表示；桑蚕土丝和桑蚕双宫丝分为双特级、特级、一级、二级和级外品；桑蚕捻线丝分为双特级、特级、一级、二级和三级；桑蚕绢丝的等级分为优等品、一等品、二等品，低于二等品者为等外品；桑蚕䌷丝的品等分为优等品、一等品、二等品，低于二等品者为等外品。本章主要介绍我国现行标准的定级方法。

第二节　生丝定级方法

一、生丝

（一）适用范围

适用于名义纤度在 69 旦及以下的未浸泡生丝。

（二）品质技术指标规定

根据 GB/T 1797—2008《生丝》规定，生丝的品质，根据受检生丝的品质技术指标和外观质量的综合成绩，分为 6A、5A、4A、3A、2A、A 级和级外品。

（三）分级规定

先确定基本等级，再对照基本等级所属的补助检验各个项目的成绩是否符合基本等级的要求，最后，还需结合外观检验的成绩才能得出整批生丝的综合品质检验等级。

1. 基本级的评定　根据纤度偏差、纤度最大偏差、均匀二度变化、清洁及洁净五项主要检验项目中的最低一项成绩确定基本级。

2. 补助检验的降级规定　均匀三度变化、切断、断裂强度、断裂伸长率及抱合五项是补助检验项目，补助检验项目中任何一项低于基本级所属的附级允许范围者，应予以降级。按各项补助检验成绩的附级低于基本级所属附级的级差数降级。附级相差一级者，则基本级降一级；相差两级者，降两级；依此类推。补助检验项目中有两项以上低于基本级者，以最低一项降级。

3. 外观检验的评等及降级规定　外观评等分为良、普通、稍劣和级外品。外观检验评为"稍劣"者，按器械检验评定的等级再降一级。

4. 降为级外品的规定

（1）主要检验项目中任何一项低于 A 级时，作级外品。

（2）在黑板卷绕过程中，出现有 10 只及以上丝锭不能正常卷取者，一律定为级外品，并在检验报告上注明"丝条脆弱"。

（3）切断次数超过表 19-1 规定，一律降为级外品。

表 19-1　生丝切断次数的降级规定

名义纤度（旦）	切断（次）
18（13.3dtex）及以下	30
13~18（14.4~20.0dtex）	25

名义纤度（旦）	切断（次）
19~33（21.1~36.7dtex）	20
34~69（37.8~76.7dtex）	10

（4）器械检验指标已定为 A 级时，外观检验评为"稍劣"者，则作级外品。

（5）外观检验评为"级外品"者，一律作级外品。

5.其他　出现洁净 80 分及以下丝片的丝批，最终定级不得定为 6A 级。

二、生丝粗丝

（一）适用范围

适用于名义纤度在 69 旦以上的生丝。

（二）品质技术指标规定

根据 FZ/T 42010—2009《粗规格生丝》规定，粗规格生丝的品质，根据受检生丝的品质技术指标和外观质量的综合成绩，分为 6A、5A、4A、3A、2A、A 级和级外品。

（三）分级规定

先确定基本等级，结合外观检验的成绩才能得出整批粗规格生丝的综合品质检验等级。

1.基本级的评定　根据纤度变异系数、纤度最大偏差、清洁三项检验项目中的最低一项成绩作为基本级。

2.外观检验的评等及降级规定　外观检验按 GB/T 1798—2008 中的规定，外观评等分为良、普通、稍劣和级外品。外观检验评为稍劣者时，按基本级顺降一级，如基本级已定为 A 级或外观评为级外品时，则整批丝作级外品。

第三节　桑蚕土丝定级方法

一、适用范围

适用于所有规格的桑蚕土丝。

二、品质技术指标规定

根据 FZ/T 42009—2006《桑蚕土丝》规定，桑蚕土丝的等级，根据受检桑蚕土丝的品质技术指标和外观质量的综合成绩,分为双特级、特级、一级、二级和级外品。

三、分级规定

先确定基本等级,结合外观检验的成绩才能得出整批桑蚕土丝的综合品质检验等级。

(一) 基本级的评定

桑蚕土丝根据纤度偏差、纤度最大偏差、疵点、切断四个项目的检验结果,以其中最低一项成绩作为基本级。

(二) 外观检验的评等及降级规定

外观评等分为良、普通、稍劣和级外品。外观检验评为稍劣者时,按基本级顺降一级;如基本级已定为最低等级时,则作级外品;若外观评为级外品,则一律作级外品。

第四节 双宫丝定级方法

一、适用范围

适用于所有规格的桑蚕双宫丝。

二、品质技术指标规定

根据 FZ/T 42005—2016《桑蚕双宫丝》规定,桑蚕双宫丝的品质,根据受验桑蚕双宫丝的品质技术指标和外观质量的综合成绩,分为特优级、双特级、特级、一级、二级和级外品。

三、分级规定

先确定基本等级,结合外观检验的成绩才能得出整批桑蚕双宫丝的综合品质检验等级。

(一) 基本级的评定

桑蚕双宫丝根据纤度偏差、纤度最大偏差、特殊疵点及切断四项检验项目中最低一项成绩确定基本级。

(二) 外观检验的评等及降级规定

外观评等分为良、普通、稍劣和级外品。外观检验评为稍劣者时,按基本级顺降一级;如基本级已定为最低等级时,则作级外品;若外观评为级外品,则一律作级外品。

第五节 桑蚕捻线丝定级方法

一、适用范围

桑蚕捻线丝分为绞装蚕桑捻线丝和筒装桑蚕捻线丝，不同桑蚕捻线丝的定级指标不同。分别适用于 1500 捻/m 以下，2~9 根所用原料生丝，名义纤度在 49 旦（54.4dtex）及以下的绞装桑蚕捻线丝和 2000 捻/m 以下，9 根及以下所用原料生丝的名义纤度在 49 旦（54.4dtex）及以下的筒装桑蚕捻线丝。

二、品质技术指标规定

根据 GB/T 14033—2008《桑蚕捻线丝》和 GB/T 22857—2009《筒装桑蚕捻线丝》规定，桑蚕捻线丝品质以批为单位评定等级，依据捻线丝的品质技术指标和外观疵点的综合成绩，分为双特级、特级、一级、二级、三级和级外品。

三、分级规定

先确定基本等级，结合外观检验的成绩才能得出整批桑蚕捻线丝的综合品质检验等级。

（一）基本级的评定

受验捻线丝根据品质技术指标检验结果，清洁、洁净引用原料生丝检验结果，以其最低一项成绩确定该批捻线丝的基本等级，若任何一项低于三级品指标时，按级外品定级。

（二）外观检验的评等及降级规定

外观评等分为良、普通、稍劣和级外品。外观检验评为稍劣者时，按基本级顺降一级；如基本级已定为最低等级时，则作级外品；若外观评为级外品，则一律作级外品。

（三）其他

凡发现产品不符合规格要求，原料混批，应作级外品处理，并在检验单上注明。

第六节 桑蚕绢丝定级方法

一、适用范围

适用于经烧毛的双股桑蚕绢丝。

二、定级规定

根据 FZ/T 42002—2010《桑蚕绢丝》规定，绢丝品质以批为单位评定等级，绢丝的等级分为优等品、一等品、二等品，低于二等品者为等外品。桑蚕绢丝依其检验结果，按品质技术指标和条干不匀变异系数规定进行评定。

桑蚕绢丝的条干不匀变异系数指标规定见表 19-2。

表 19-2　桑蚕绢丝的条干不匀变异系数指标规定

主要检验项目	分级	名义细度（公支/2）/（dtex×2）	等级		
			优等	一等	二等
条干不匀变异系数 CV（%）	粗特（低支）	50~70 以下 /200.0~142.9 以上	6.5	10.0	11.5
		70~90 以下 /142.9~111.1 以上	9.0	10.5	12.0
	（中特）中支	90~110 以下 /111.1~90.9 以上	10.0	11.5	13.0
		110~130 以下 /90.9~76.9 以上	10.5	12.0	13.5
		130~150 以下 /76.9~66.7 以上	11.0	12.5	14.0
	（细特）高支	150~170 以下 /66.7~58.8 以上	12.0	13.5	15.0
		170~190 以下 /58.8~52.6 以上	12.5	14.5	15.5
		190~210 以下 /52.6~47.5 以上	13.0	14.5	16.0
		210~230 以下 /47.6~43.5 以上	13.5	15.0	16.5
		230~270 /43.6~37.0	14.0	15.5	17.0

注　50 公支/2 以下（200.0dtex×2 以上）、270 公支/2 以上（43.5dtex×2 以下）不考核。

三、分级规定

桑蚕绢丝先确定基本等级，结合补助检验的降级规定才能得出整批桑蚕捻线丝的综合品质检验等级。

（一）桑蚕绢丝基本级的评定

主要检验项目指标中的品等不同时，以其中最低一项品等评定。若其中有一项低于规定的二等品指标时，评为等外品。

（二）桑蚕绢丝补助检验的降级规定

当补助检验项目指标中有 1～2 项超过允许范围时，在原评等的基础上顺降一等，如有 3 项及以上超过允许范围时，则在原评等基础上顺降两等，但降至二等为止。

（三）桑蚕绢丝降为级外品的规定

（1）一批桑蚕绢丝中有不同细度规格的绢丝相混杂。

（2）桑蚕绢丝中有明显硬伤、油丝、污丝或霉变丝。

（3）桑蚕绢丝中有不按规定的合股丝混入。

（4）丝绞花纹杂乱不清。

（5）桑蚕绢丝中混纺入其他纤维。

（四）桑蚕绢丝不能评为优等品的情况

（1）桑蚕绢丝的条干出现有规律性的节粗节细；

（2）桑蚕绢丝的条干出现连续并列的粗丝或细丝在 3 根以上者；

（3）桑蚕绢丝的条干出现明显的、分散性的粗节或细节时。

（4）桑蚕绢丝的疵点有超过疵点样照最大的大长糙时。

（五）其他要求

（1）桑蚕绢丝练减率的控制范围。细特（高支）桑蚕绢丝控制在 5.0% 及以下；中特（中支）桑蚕绢丝控制在 6.5% 及以下；粗特（低支）桑蚕绢丝控制在 7.0% 及以下。

（2）同一批绢丝的色泽应基本保持一致。

第七节 桑蚕䌷丝定级方法

一、适用范围

适用于纯桑蚕绢纺落绵所纺成的 15～60 公支的桑蚕绞装、筒装䌷丝。桑蚕丝与其他纤维混纺的䌷丝参照执行。

二、定级规定

根据 FZ/T 42006—2013《桑蚕䌷丝》规定，桑蚕䌷丝的品等分为优等品、一等品、二等品，低于二等品者为等外品。桑蚕䌷丝品等的评定以批为单位，依其检验结果，按品质技术指标及绞装和筒装桑蚕䌷丝外观质量规定，以其中最低一项品等评定。若其中有一项低于二等品指标时，则评为等外品。

三、降等和其他规定

出现下列情况将予以降等。

（1）筒装桑蚕䌷丝当主要疵点有一项达到批注数量时，全批降为等外品。

（2）筒装桑蚕䌷丝当一般疵点有两项及以上达到批注数量时，在原评等基础上降一等。

（3）绞装桑蚕䌷丝内混纺入其他纤维或霉斑变质者，降为等外品。

（4）绞装桑蚕䌷丝中发现受潮发并、小绞丝层紊乱、各种明显的油污丝时，则退回整理。

（5）桑蚕䌷丝中条干出现丝片有规律的粗细节，该批桑蚕䌷丝不能评为优等品.

（6）桑蚕䌷丝中条干出现丝片粗细相间的条状阴影，正反面相通，阔度在绕丝4根以上，该批桑蚕䌷丝不能评为优等品。

（7）桑蚕䌷丝中条干的疵点有超过疵点样照最大的大长糙时，该批桑蚕䌷丝不能评为优等品。

（8）每批桑蚕䌷丝的色泽、手感和表面绵粒、黑点（蛹屑）应基本一致。

第八节　事例分析

一、事例

1 批净重 621.93kg 的生丝，生丝规格为 20/22 旦，名义纤度为 21 旦。经检验，品质指标如下：平均回潮率 12.05%，平均公量纤度 21.25 旦，切断 0 次，断裂强度 3.97gf/旦，断裂伸长率 19.8%，抱合 103 次，纤度偏差 1.09 旦，纤度最大偏差 2.70 旦，均匀二度变化 3 条，均匀三度变化 0 条，清洁 97.1 分，洁净 95.00 分，外观评等为"稍劣"。请分析该批生丝的品级。

二、分析

由于不同的生丝检验标准对生丝品质技术指标的规定不一致，参照 GB/T 1797—2008《生丝》规定，在 GB/T 1797—2008《生丝》表 1 中查找名义纤度为 21 旦的各项指标对应的级别。

（1）首先根据纤度偏差、纤度最大偏差、均匀二度变化、清洁及洁净五项主要检验项目中的最低一项成绩确定基本级。纤度偏差 1.09 且对应的级别为 5A，纤度最大偏差 2.70 且对应的级别为 6A，均匀二度变化 3 条对应的级别为 5A，清洁 97.1 分对应的级别为 4A，洁净 95.00 分对应的级别为 6A，由此可以确定该批丝的基本级为 4A。

（2）确定补助检验项目是否降级。依次查看各补助检验项目是否在基本级所属的附级允许范围内，均匀三度变化、切断、断裂强度、断裂伸长率及抱合五项是补助检验项目，补助检验项目中任何一项低于基本级所属的附级允许范围者，应予以降级。按各项补助检验成绩的附级低于基本级所属附级的级差数降级。附级相差一级者，则基本级降一级；相差两级者，降两级；依此类推。补助检验项目中有两项以上低于基本级者，以最低一项降级。均匀三度变化 0 条属于基本级 4A 所属附级（一）允许范围，切断 0 次属于基本级 4A 所属附级（二）允许范围，断裂强度 3.97gf／且属于基本级 4A 所属附级（一）允许范围，抱合 103 次属于基本级 4A 所属附级（二）允许范围，断裂伸长率 19.8% 低于基本级 4A 所属附级（一）允许范围，属于附级（二），附级相差一级，则器械检验技术指标为 3A。

（3）根据生丝的品质技术指标和外观质量的综合成绩决定生丝的最终品级。器械检验技术指标为 3A，外观评等为"稍劣"，外观检验评为"稍劣"者，按器械检验评定的等级再降一级，从 3A 降为 2A。

所以，该批丝的最终品级为 2A。

第二十章　检验质量控制

为保证检验结果的准确性，实验室应建立质量控制的程序和方法，以监控检验工作的有效性。对于出具检验结果或检验报告的实验室应具有相应检验能力和国家规定的资质要求。

第一节　检验资质

丝类产品检验实验室根据检验结果的用途可分为第一方检验实验室、第二方检验实验室、第三方检验实验室。

第一方检验实验室也称供方实验室，一般是企业自建检验实验室，检验自己的产品，检验数据为企业内部所用，目的是提高和控制企业生产的产品质量。比如，制丝企业的丝类产品检验实验室。

第二方实验室也称需方实验室，检验供方提供的产品，检验数据为需方所用，目的是了解和控制供方产品质量，为决策购买供方产品提供依据。比如，织绸企业自建的丝类产品检验实验室。

第三方实验室是独立于第一方和第二方，为贸易双方和社会评价提供检验服务的实验室，数据为贸易各方所用，目的是了解和提高行业产品质量以及为贸易各方提供"按质论价，按量计价"的依据。比如，检验检疫、技术监督部门的丝类产品检验实验室。

作为第三方检验实验室必须具有独立法人资格并获得实验室资质认定资格。实验室具有与检验活动相适应的检验检测技术人员和管理人员；具有固定的工作场所，工作环境满足检验检测要求；具备从事检验检测活动所必需的检验检测设备；具有保证检验检测活动独立、公正、科学、诚信的管理体系，并确保体系有效运行。

检验检疫部门非常重视实验室管理体系的建立和运行，20世纪90年代初，丝类产品检验实验室就按照《商检系统实验室管理与考核办法》建立起实验室质量管理体系，并获得相应的一、二、三级实验室资质。20世纪90年代末ISO 9000质量体系管理方法在中国开始推广应用时，检验检疫部门丝类产品检验实验室按照ISO/IEC 17025《检验和校准实验室能力的通用要求》建立了实验室管理体系，各丝类产品检验实验室先后取得了 CCIBLAC（中国国家进出口商品检验实验室认可委员会）认可，随后，由于认可机构的合并和职能变化，2000 年初，丝类产品检验实验室的 CCIBLAC 认可资格转换为 CNAL（中国实验室国家认可委员会）认可和 CMA（计量认证），2006 年又转换为 CNAS（中国合格评定国家认可委员会）认可和实验室资质认定（包括 CMA）。

CNAS 认可是由中国合格评定认可委员会实施的认可活动，采用的是国际标准，着重于对实验室检验技术能力的认可，是一种自愿行为，第一方、第二方和第三方实验室均可申请认可。CNAS 与亚太实验室认可合作组织（APLAC）和国际实验室认证联盟（ILAC）都签署了互认协议（MRA），获得 CANS 认可的实验室出具的检验报告能在国际上得到承认。

实验室资质认定是由省级以上质量技术监督部门依据相关法律法规和标准、技术规范的规定，对检验检疫机构的基本条件和技术能力是否符合法定要求实施的评价许可。资质认定包括检验检疫机构计量认证（CMA）。CMA 一般只针对第三方实验室，是强制性的，在批准的领域和检验能力范围内开展检验活动，符合法律法规要求，出具的检验报告可用于产品质量评价、成果及司法鉴定、贸易交易等方面，在国内具有法律效力，是仲裁和司法机构采信的依据。

检验检疫部门丝类产品检验实验室是获得 CNAS 认可和资质认定的实验室，出具的检验报告可使用 CNAS、CMA、ILAC-MRA 标志，可作为国际贸易结算、通关的依据，也可作为国内贸易、质量评价、成果及司法鉴定的依据。

第二节　检验人员

丝类产品检验实验室所有检验技术人员上岗前都必须经过充分的检验操作技能、专业理论知识、检验安全操作知识的培训，并经过考核评价合格后方可上岗。

从事外观、黑板、抱合检验等感官检验项目人员，应定期进行目光比对等技术能力评价活动，以确保其持续胜任工作岗位。比如，每年参加全国性的丝类产品检验专业目光校对、能力验证等活动。

检验报告及证书签发人员应具有丝类商品检验工作专业知识，有相应的资格、资质和经验，了解丝类商品检验工作质量控制的全过程，对检验工作中出现的异常情况的严重性具有判断和处理能力。获得 CANS 认可和资质认定的实验室的检验报告及证书签发人员必须获得 CANS 授权和国家认证认可监督管理委员会的批准，签发授权或批准领域的丝类商品检验报告和证书。

实验室所有检验活动都应被监督，监督员应独立于被监督的活动，且应熟悉所监督项目的方法、程序、目的和结果评价。

实验室每年应制订人员培训计划，对在岗、上岗人员适应检验任务、持续保持所承担工作需要的知识技能做出培训安排并考核评价。对于所有在岗检验技术人员，可通过专业知识培训提高检验理论知识，通过人员间比对、设备间比对、重复检验、留样再测、盲样检验，与标准物质比对等活动提高检验技能，这些业务技能培训活动可通过国际间专业领域的检验和比对、CNAS 组织的能力验证和测量审核、国内同领域实验室间的检验和比对、内部检验和比对等检验活动的形式实现。

第三节　检验设备

丝类产品检验实验室应配备所检验产品需用的检验设备，主要有切断机、纤度机、纤度（支数）检验仪、强伸力机、抱合力机、黑板机、黑板检验暗室、烘箱、天平，缕纱测长仪、捻度仪等。

检验设备及其软件须达到所需的准确度，在投入使用前须经过检查或校准，并必须在校准有效周期内使用。每台设备及其软件均须加贴唯一性标识，并建立设备档案，每台检验设备须制定检验操作规程，检验人员应严格按规程校正和使用设备，填写设备校正和使用记录。若设备离开实验室返回后，在使用前应对其功能和校准状态进行核查达到满意结果才能使用。

第四节　检验环境

丝纤维具有较强的吸湿性，随着外界环境条件变化产生吸湿或放湿过程，经过一段时间后，其回潮率逐渐趋于一个稳定值。据测，丝纤维在稳定的温湿度环境中放置 6~8h，其吸湿和放湿基本达到一种动态平衡，此时丝纤维回潮率和线密度趋于稳定，此时间段后开始对其检验，才能有效避免外界温湿度变化引起的丝纤维重量不稳定带来的检验结果误差。凡涉及丝纤维物理性能指标的检验，都应在一个稳定的温湿度环境内进行，按照 GB/T 1798—2008《生丝试验方法》等丝类产品标准规定，进行物理性能检验的丝类产品试样应在温度为（20.0±2.0）℃、相对湿度为65.0%±4.0%的条件下平衡 12h 以上方可检验。

丝类产品检验实验室环境分为恒温恒湿工作区和常温区工作区，在恒温区检验的项目有切断、纤度（支数）、断裂强度、断裂伸长率、抱合、捻度检验等，在常温工作区检验的项目有外观、重量、黑板、回潮率检验等。恒温恒湿工作区中应使用温湿度记录仪连续监控实验室中的温湿度，以确保持续符合温度为（20.0±2.0）℃、相对湿度为 65.0%±4.0% 的条件，对进入恒温恒湿工作区的人员数量要进行限制，确保恒温恒湿要求的温湿度的稳定性。

黑板和外观等感官检验，应按规定要求配置相应设施，如暗室和光源等。

实验室还应配备与检验范围相适应的安全防护装备和设施。比如，灭火器、烟雾报警器、通风设施等。

第五节　样品传递

样品传递包括抽样、送样、制样、检验、检验剩余样品的保管和处置全过程。

外观检验员应审查委托方提供的单证信息，确保单证上批号、包件号准确无误，每一家委托方丝类产品的批号不重号、不漏号。抽样完成后应立即核对并包装样丝，在样丝包装纸上标注样丝标识，或将样丝标识系挂或放入样品袋中，施加封识。样品标识一般包括报检编号、样品名称、批号、规格等内容。委托方自行送样的第三方实验室的样品由受理报检人员对样品和报检申请核对无误后进行标识，发现样丝异常应及时与委托方沟通。

送样人员应注意运输过程中保证样丝不遭损坏、雨淋、污染，以确保样丝随唯一的标识，安全、完整地运达检验场地。

收样人员在接收样品时应检查样丝是否完好无损，发现异常情况应立即报告技术负责人处理。为避免人为感情因素的影响，保证检验结果的公正准确，收样人员可对接收的样丝进行盲样编号处理，每一个盲样号对应一委托方的丝批号，以确保检验样品的唯一性标识。

样丝交接时，接受工序应严格检查检验单、样丝标签是否一致，每批样丝的丝锭颜色是否一样，确保无误后方可进入下道工序检验。

切断检验员在检验前应认真检查样丝上的标记、检验工作单、样丝标签的标记是否一致，完全无误后方可进行切断检验。切断检验中相邻批次卷取的样丝可使用不同颜色的丝锭，避免丝锭放错样丝盒，确保丝锭样丝准确无误。切断检验完毕后，在丝锭样丝盒中放入样丝标签，此标签信息应随下道检验工序传递，直至检验完毕出具结果报告为止。

检验过程中发现异常情况，检验人员应及时将情况报告相关负责人，由负责人查清原因，及时处理，并做好记录。

检验剩余样品应根据样品规格分别放置在特定的环境条件下，按规定要求进行储存或处置，保证样品在保存期内不发生变化。若检验样品在测试后要继续复测或其一部分需特殊保存，应特别保护这些样品的状态和完整性，防止样品在处置过程中受到损伤或破坏。检验剩余样品由专人按检验号及时入库，堆放整齐便于查找，按规定做好进出的各项记录。

送检样丝及检验剩余样品在检验和储存时都应有防止虫伤、虫蛀及霉变等措施。

第六节　检验结果处理

由于丝类产品检验项目和使用的检验设备较多，为保证检验结果的准确和完整性，检验结果一般要经过初审、复审等环节，方能出具检验结果报告或证书。

一、初审

初审人员将各项目的检验工作单按批收集汇总后，对照委托方提供的报检申请单、出厂检验结果单等，对整批丝的检验结果进行初步审核。审核检验员、检验环境、检验记录是否符合规定要求；检验数据是否正常，数据间有无矛盾；检验结果与企业生产水平是否吻合等。对任何有疑问的检验结果，交授权签字人或质量（技术）负责人再次审核，做出是否重验或进入复审环节的决定。

经核对无误并无须再次检验的丝批检验结果单，交制证人员按计算机制证程序要求录入检验原始数据。

二、复审

由授权签字人对已经完成初审的单证和录入的检验原始数据，逐份进行复审，通过对整份证书证稿和检验报告的等级判定、合格与否结论的评定进行技术和质量把关，最终做出是否再次检验、出具检验报告或证书的决定。

授权签字人在审核中发现有疑难技术性问题或严重的质量问题时，报告技术负责人或质量负责人进行再次审核，技术负责人或质量负责人对审核结果负责。

当技术负责人或质量负责人认为需要作进一步的审核，报告实验室最高管理者，由最高管理者做出进一步审核处理的决定。

三、再次检验规定

（一）生丝再次检验规定

1. 纤度检验

（1）等级与同庄口丝批整体质量水平明显不符者（一般掌握二级及以上），考虑再测。

（2）因纤度最大偏差降级且回数无误者，原则上不予再测。因为纤度最大偏差降级可能是野纤度造成的，在生产中，野纤度的出现存在偶发性，若再次取样检验，可能没有野纤度，检验结果不能真实反映丝批实际质量。

2. 黑板检验

（1）清洁降级和均匀三度变化降级者，不予再测。与野纤度情况类似，清洁的疵点也属于偶发性，均匀三度变化实质上是野纤度。

（2）其他黑板成绩，如均匀二度变化、洁净，若等级变化较大，可根据同庄口丝批检验情况决定是否再次检验。

3. 其他项目

（1）切断降级者，不予再测。

（2）断裂强度在 4.3gf/旦以上，伸长率在 23.0% 以上，可考虑再测。

（二）双宫丝再次检验规定

根据双宫丝的生产工艺和技术要求，对纤度出格的丝批，可考虑再测。

（三）捻线丝再次检验规定

捻度变异系数、捻度偏差率、断裂强度、断裂伸长率与报检等级明显不符的可根据企业生产水平和具体情况考虑再测与否。

（四）绢丝再次检验规定

因支数变异系数、千米疵点降等的，不再测。其余指标降等的，可视情况决定是否再测，但凡两个以上项目降等的，可不再测。

四、检验报告或证书的签署

制证人员对已打印的证单进行校对，确认证单格式、种类、打印份数、证面清洁、检验报告或证书内容与证单无误后，盖上检验单位印章，交授权签字人签署。

检验报告和证书由授权签字人签字后生效，授权签字人对证书和检验报告结果负责。

证书和检验报告内容，一般应包括以下内容。

（1）标题。

（2）实验室名称与地址，进行测试的地点（如与实验室地址不同）。

（3）证书或检验报告的唯一性的标识，每一页上的标识以确定其为某检验报告或证书的一部分。

（4）委托方名称。

（5）采用的测试方法。

（6）如果检验报告中包含分包方的测试结果，则这些结果须标明。

（7）审核检验报告、证书的人员姓名、签名或相当的标识。

（8）必要时，做出结果仅对所测试样品有效的声明。

（9）背书申明，包含法律责任、验货注意事项、直接引用信息、证书或检验报告有效性、货物储运注意事项的提醒。

参考文献

［1］中国合格评定国家认可委员会.CNAS-CL01，检验和校准实验室能力认可准则（S）.2015.

［2］中国合格评定国家认可委员会.CNAS-CL01，检验和校准实验室能力认可准则在纺织检验领域的应用说明（S）.2015.

［3］国家质量监督检验检疫总局.《检验检验机构资质认定管理办法》（总局令第163号）〔Z〕.2015.

［4］国家出入境检验检疫局.《出口丝类商品检验检疫工作规范》〔Z〕.2000.

［5］四川出入境检验检疫局丝类商品检验中心程序文件〔Z〕.2015.

［6］浙江出入境检验检疫局丝类检验中心程序文件〔Z〕.2015.

［7］中国合格评定国家认可委员会.亚太实验室认可合作组织（APLAC）简介〔DB/OL〕.https：//www.cnas.org.cn/gjhr/qyzz/aplac/11/703608.sshtml.2012.